“一带一路”绿色发展国际联盟研究成果

“一带一路”绿色发展
案例报告2020

BRI Green Development Case Studies Report

“一带一路”绿色发展国际联盟
生态环境部对外合作与交流中心
编著

中国环境出版集团 · 北京

图书在版编目（CIP）数据

“一带一路”绿色发展案例报告. 2020 ：“一带一路”绿色发展国际联盟研究成果 / “一带一路”绿色发展国际联盟，生态环境部对外合作与交流中心编著. --北京 ：中国环境出版集团，2021.8
ISBN 978-7-5111-4727-1

Ⅰ. ①一… Ⅱ. ①一… ②生… Ⅲ. ①“一带一路”—生态环境保护—国际环境合作—研究报告—2020
Ⅳ. ①X171.1

中国版本图书馆CIP数据核字(2021)第094682号

出 版 人 武德凯
责任编辑 黄 颖
责任校对 任 丽
装帧设计 宋 瑞

出版发行 中国环境出版集团
（100062 北京市东城区广渠门内大街 16 号）
网　　址：http://www.cesp.com.cn
电子邮箱：bjgl@cesp.com.cn
联系电话：010-67112765（编辑管理部）
发行热线：010-67125803，010-67113405（传真）
印　　刷 北京中科印刷有限公司
经　　销 各地新华书店
版　　次 2021 年 8 月第 1 版
印　　次 2021 年 8 月第 1 次印刷
开　　本 787×1092 1/16
印　　张 6.75
字　　数 120 千字
定　　价 40.00 元

编委会

序　一

坚持绿色发展是发展观的一场深刻革命，推动实现绿色发展已经成为世界各国的共同目标。“一带一路”着眼于构建人类命运共同体，为推动全球治理体系变革和高质量发展做出中国贡献。

绿色是“一带一路”建设的底色。和平与发展是当今的时代主题。由于国情的不同、各自能力的差异，各国都在探索适合自己的发展道路。虽然发展道路存在差异，但是存在一个共识，那就是要追求高质量的发展。发展不能走竭泽而渔的道路，不能走“先污染、后治理”的道路。绿色应该也必须成为发展的底色，只有实现经济、社会、环境的协调发展，才能为各国人民带来更大的获得感和幸福感。“一带一路”将可持续发展理念融入项目选择、实施、管理的方方面面，为共建“一带一路”国家落实可持续发展议程提供平台和机遇。

在这份报告编写的过程中，我们时刻感受着合作共赢在绿色发展实践中迸发出的巨大能量。如果说绿色发展是破解全球诸多重大问题的解决方案，那么各方的务实合作就是推动解决方案的“金钥匙”。“一带一路”倡议和其他发展合作倡议，为各方共商共建提供了良好的平台和契机。

在各国抗击新冠肺炎疫情的特殊时刻，国际社会的携手努力更加凸显了“一带一路”国际合作的重要性和必要性，共建“一带一路”合作空间进一步拓展。疫情引发了国际社会对人与自然和谐共生关系的深刻思考，在当前全球经济增长动力不足的背景下，绿色复苏成为全球疫后经济高质量发展的重要推动力，国际社会关注和期待“一带一路”倡议在引领全球绿色复苏中发挥重要作用。

2019年，中外合作伙伴共同发起成立“一带一路”绿色发展国际联盟，致力于搭建一个开放、包容、自愿的国际合作网络，通过开展绿色发展政策对话、信息共享、技术转移和示范项目，将绿色发展理念全面融入“一带一路”建设，促进共建“一带一路”国家落实2030年可持续发展议程。

本报告旨在通过案例的形式，分享生态环保的优良实践，共同提高环保水平。报告于“一带一路”绿色发展国际联盟2020年政策研究专题发布活动上正式发布。“一带一路”绿色发展国际联盟愿意继续秉持开放、包容的态度，与合作伙伴形成合力，产出更多务实成果，积极服务于“一带一路”共建国家的绿色发展。

本报告由“一带一路”绿色发展国际联盟秘书处组织编写。其中第一、二章由田舫完成，第三章由彭宁完成，第四章由蓝艳完成，第五章由赵文恺完成，第六章由李盼文完成，第七章由李宫韬完成，第八章由赵海珊完成。

为本报告提供资料的企业包括：中国铁建股份有限公司、中国交通建设股份有限公司、中国石油化工集团公司、中国长江三峡集团有限公司、中国光大环境（集团）有限公司、中工国际工程股份有限公司、上海电力股份有限公司、新加坡金鹰集团有限公司。

编写委员会

2021年4月

序　二

联合国南南合作办公室对“一带一路”绿色发展国际联盟发布的《“一带一路”绿色发展案例报告 2020》表示祝贺。

本报告所记录的良好环境和气候解决方案，阐明了如何通过支持可持续发展的三大支柱（经济、社会和环境）来实现增长。该报告还展示了通过南南合作所能取得的成果。通过团结、互信和人文交流，发展中国家有能力相互帮助，解决各自发展道路上遇到的类似问题。

中国政府提出的“一带一路”倡议，不仅为各国分享经验和发展成果提供了良好平台，也是推动绿色发展的重要抓手。本报告介绍的案例研究为“一带一路”合作伙伴提供了机会，并为发展中国家如何通过南南合作和三方合作，共同落实 2030 年可持续发展议程提供了新视角。

联合国南南合作办公室致力于为全球南方国家合作伙伴实现包容性、可持续发展提供支持，包括分享相关知识经验，帮助各国跨越传统发展阶段，实现可持续发展。希望全球南方国家合作伙伴能够编写并分享更多类似的知识产品，分享它们在南南合作和三方合作方面的独特和宝贵经验。

adel abdellatif

Adel Abdellatif

联合国南南合作办公室主任

目录

执行摘要

“一带一路”不仅是经济繁荣之路，也是绿色发展之路。中国在“一带一路”建设实践中始终秉持绿色发展理念，推动基础设施绿色低碳化建设和运营管理，在投资贸易中强调生态文明理念，加强生态环境治理、生物多样性保护和应对气候变化等领域合作。

2013 年以来，中国政府相继出台了一系列政策文件，包括《对外投资合作环境保护指南》《关于推进绿色“一带一路”建设的指导意见》《“一带一路”生态环境保护合作规划》等，引导企业积极履行环境保护社会责任，并严格保护生物多样性和生态环境。

2017 年，习近平主席在首届“一带一路”国际合作高峰论坛上强调，“要践行绿色发展的新理念，倡导绿色、低碳、循环、可持续的生产生活方式，加强生态环保合作，建设生态文明，共同实现 2030 年可持续发展目标”。

2019 年 4 月，习近平主席在第二届“一带一路”国际合作高峰论坛上强调，“要坚持开放、绿色、廉洁理念，把绿色作为底色，推动绿色基础设施建设、绿色投资、绿色金融，保护好我们赖以生存的共同家园”。

“一带一路”和 2030 年可持续议程在理念、原则和目标方面高度契合、相辅相成、协同推进。“一带一路”倡导的“政策沟通、设施联通、贸易畅通、资金融通、民心相通”与 2030 年可持续发展议程的 17 项目标高度对应。

本报告结合联合国 2030 年可持续发展议程，选取了生物多样性和生态系统保护、清洁能源、清洁水、可持续交通、“无废城市”、可持续消费和生产、绿色建筑、企业社会责任8个方面的13个项目案例。这些案例中有中国企业投资建设的项目，有东道国发起、中国企业承建的项目，也有中国企业和其他国家企业合作开发第三方市场的项目。更加重要的是，这些项目的成功实施，为所在国的经济和社会发展做出了积极贡献。

巴基斯坦卡洛特水电站在建设之前就制订了《生物多样性管理计划》，聘请鱼类专家进行了项目相关区域河段的鱼类调查，并严格制定了鱼类保护措施。加纳特码新集装箱码头项目建立了一座"海龟孕育中心"，通过与加纳野生动物保护协会合作，聘请海龟孵化专家进行指导，并组建了专业海龟保护巡逻队，截至2019年，累计孵化并放生小海龟11 114只。

安哥拉卡宾达供水项目，覆盖安哥拉卡宾达省95%的人口居住区域，直接受益人口超过60万，对卡宾达省的一些村庄而言，这是所有人一生中第一次用到自来水，"一带一路"建设帮助他们实现了盼望多年的愿望。克罗地亚佩列沙茨跨海大桥是克罗地亚人民盼望多年的项目，大桥建成后，克罗地亚南北的土地将实现连接，往返于南北的居民们开车几分钟即可走完原来两三个小时的路程。越南芹苴垃圾焚烧发电厂不仅解决了当地生活垃圾露天堆放造成的诸多问题，还将中国最先进的垃圾焚烧发电技术带到了越南，推动了环境技术交流和转移。

从绿色发展的角度出发，这些项目在实施过程中践行生态文明理念，将中国严格的生态环境保护制度与国际规则相结合，根据所在地的实际情况采取了多种多样的环境保护措施。如优化设计方案和施工方案，与当地政府、企业、社区的合作，严格控制各类污染物，对物种和生态系统的就地保护等措施，均取得了良好效果。

中国企业用"一带一路"建设中的实际行动，诠释了生态文明和绿色发展理念。中国将不断推动"一带一路"高质量发展，积极同各国一道打造"绿色丝绸之路"，携手实现2030可持续发展目标，为构建人类命运共同体做出贡献。

第一章

生物多样性和生态系统

一、肯尼亚内马铁路一期

随着全球经济一体化和信息化快速发展，交通运输显得越来越重要，便捷的交通，在方便人民群众出行的同时，更是加快了地区间的物流速度，促进了信息、文化交流，互相补齐了发展短板。非洲地区交通发展比较滞后，严重制约着地区经济发展，影响人民群众生活水平的提高。与此同时，非洲独特的自然地理环境、丰富的生物多样性，对铁路这种长距离、大范围的项目实施提出了挑战。由中国交通建设股份有限公司（以下简称中国交建）建设的内马铁路一期项目，在项目设计中考虑如何最大限度地降低环境影响，在基础设施建设的同时实现对生态环境的保护，为落实联合国 2030 年可持续发展目标 15（SDG15）“保护、恢复和促进可持续利用陆地生态系统，可持续管理森林，防治荒漠化，制止和扭转土地退化，遏制生物多样性的丧失”提供了支撑和保障。

（一）背景

内马铁路是肯尼亚 2030 年远景规划[①]的旗舰项目，起点位于内罗毕，终点位于肯尼亚与乌干达边境城市马拉巴，全长约 489.57 千米。项目建成后，将与蒙内铁路和乌干达境内铁路接轨，并逐步与坦桑尼亚、卢旺达、布隆迪、南苏丹等国家的铁路实现联网，构成东非公共交通的“大动脉”，进一步推动东非次区域互联互通和一体化进程。

（二）项目概况

作为蒙内铁路的延长线，内马铁路采用与蒙内铁路相同的技术标准和建设管理模式，由中国交建采用设计、施工、采购为一体的 EPC[②]总承包方式实施，采用中国铁路一级标准设计。施工现场见图 1-1。内马铁路将分三期实施，第一期内罗毕至纳瓦沙段施工线路全长 120.4 千米，为客货共线铁路，客运列车设计时速 120 千米，货运列车设计时速 80 千米。

图 1-1 施工现场

（图片来源：中国交通建设股份有限公司提供）

① 2030 年远景规划系肯尼亚政府于 2008 年提出，围绕政治、经济、社会三个重点领域，旨在于 2030 年前将肯尼亚建设成为中等收入新兴工业化国家的规划，是指导肯尼亚长期发展的蓝图。

② EPC（Engineering Procurement Construction）是指公司受业主委托，按照合同约定对工程建设项目的设计、采购、施工、试运行等实行全过程或若干阶段的承包。通常公司在总价合同条件下，对其所承包工程的质量、安全、费用和进度负责。

内马铁路一期于 2018 年 1 月正式开工建设，2019 年 10 月正式建成通车。

2019 年 10 月 16 日上午，肯尼亚总统肯雅塔在通车仪式上指出，内马铁路一期将为肯尼亚内陆地区以及周边乌干达、南苏丹和布隆迪等内陆国家带来更多的发展机遇，也会巩固肯尼亚作为地区交通和物流枢纽的地位（图 1-2）。[①]

图 1-2　肯尼亚总统肯雅塔出席通车仪式

（图片来源：中国交通建设股份有限公司网站）

（三）促进当地就业和技术发展

内马铁路一期在建设期间，雇用当地员工超过 2.6 万人，约占全部员工的 90%，其中雇用当地的技术工人和管理人员占当地雇员总数的 45%。图 1-3 为雇用的肯尼亚籍铁路乘务员。建设方还与当地 400 余家材料供应商以及百余家分包商开展合作，为当地间接创造了 2 万多个就业岗位。项目带动了肯尼亚水泥、钢材、运输等行业的发展，中国企业从资金、技术、管理等方面对供应商进行帮助，带动了当地产业升级。项目还培养了大批当地技术人员，帮助肯尼亚逐步实现铁路的自主运营。

图 1-3　肯尼亚乘务员

（图片来源：新华社记者　潘思危 / 摄）

① http://www.xinhuanet.com/world/2019-10/17/c_1125113863.htm.

铁路建设需要使用大量的钢筋。内马铁路一期蜿蜒通过东非大裂谷断裂带，地质条件复杂，要求铁路必须满足一定的抗震条件。然而，肯尼亚当地工业无法生产符合标准的抗震钢筋。进口抗震钢筋不仅成本高、碳足迹高，且订单的生产周期长，这给项目建设带来了困难。为应对这一情况，中国交建与肯尼亚的普莱姆钢铁公司展开了合作。中国交建从中国聘请专家，同时派出实验室的技术人员，与普莱姆公司的技术团队共同研发，使普莱姆钢铁厂能够稳定地生产符合标准的抗震钢筋。项目解决了抗震钢筋的紧急增补采购问题，降低了采购成本和碳足迹，确保了工期。普莱姆钢铁公司在这个过程中，提升了生产工艺，获得了大量的订单。

（四）保护野生动物迁徙通道

为保护公园植被，项目施工过程中采用分段施工的方式，边施工边复垦，保持土地及植物原貌。为将施工影响减到最小，项目整个作业面宽度仅为 40 米。

为保证铁路建成后野生动物，尤其是大型野生动物，如长颈鹿的自由通行不受限制，内马铁路一期采用了长达 6.5 千米的大桥全程穿越公园的方案，最低桥墩 7.5 米，最高桥墩 41.5 米。内罗毕国家公园大桥也成为东非铁路最长的单线铁路桥梁（图 1-4）。此外，大桥还设置了声屏障，降低列车通过时的噪声，最大限度地降低了对野生动物的影响。

图 1-4　内罗毕公园大桥

（图片来源：中国交通建设股份有限公司提供）

（五）因地制宜获取原料，保护当地河流

砂是配置混凝土的重要原料。肯尼亚大部分地区常年干旱，河砂匮乏，且肯尼亚非常注重环境保护，河砂开采受到限制。为了保护生态环境，项目全部采用了机制砂，这又带来了另一个难题。中国国内生产机制砂大多数采用石灰岩，内马铁路沿线没有石灰岩，均为火成岩[①]。面对这种情况，中国交建组织国内专家开展技术攻关，使得火成岩机制砂成功应用于铁路混凝土施工。火成岩机制砂在内马铁路的成功应用，大幅降低了运输成本和能源消耗，节约了施工工期，保护了环境，降低了碳排放，经济、环境和社会效益重大。

肯尼亚影响力最大的媒体之一《旗帜报》报道称，内马铁路一期项目施工就地利用当地火成岩生产机制砂来代替传统河砂，既符合肯尼亚当地实际，又节能环保，值得在肯尼亚基础设施项目中推广。报道指出，肯尼亚裂谷地区火成岩资源丰富，但未得到有效开发利用。内马铁路研发的该工艺为当地开发利用原本闲置的火成岩资源提供了路径。而就地取材的火成岩也为裂谷地区铁路、公路、建筑等项目施工提供了环保、高效、节能的用砂解决方案，有利于大批项目成本的降低和施工效率的提高。

二、加纳特码新集装箱码头工程

加纳特码新集装箱码头工程的施工区域是海龟在西非的主要产卵地之一。项目部在建设过程中格外注意对海龟生存环境进行监测，各项施工活动尽可能避开海龟繁殖地，同时加强对海龟的就地保护，在红线内建立了一座"海龟孕育中心"。通过与加纳野生动物保护协会合作，聘请海龟孵化专家进行指导，并组建了专业海龟保护巡逻队。截至2019年，累计孵化并放生小海龟11 114只，对保护海龟、维持生态平衡具有明显的改善作用，也进一步提高了加纳当地保护环境、保护野生动物的绿色环保意识，为基础设施建设中落实SDG15做出了示范。

（一）背景

加纳特码新集装箱码头工程位于非洲西部几内亚湾，是加纳目前最大的水上工程项目。扩建后的特码港将成为西非重要的货运枢纽，不仅具备装卸世界上最大集装箱船的实力，还能为全世界提供优质便捷的港口基础设施和服务（图1-5）。

① 火成岩（Igneous Rocks） 亦称"岩浆岩"，是岩浆侵入地壳或喷出地表后冷凝而成的岩石。

（二）项目概况

项目由中国交通建设股份有限公司（简称中国交建）所属的中国港湾承建，于 2016 年 7 月开工，2020 年 6 月完工。主要建设包括长 3 558 米的防波堤、4 个总长为 1 400 米的深水集装箱泊位、121 公顷陆域吹填及地基处理、港池及基槽疏浚、护岸施工及附属设施等，以容纳先进的港口装卸设备和大型船舶。

图 1-5 码头航拍图

（图片来源：中国交通建设股份有限公司提供）

（三）严格的环境保护措施

项目部积极履行环境社会责任，开工前已进行了环境基线调查，开展环境影响评价，并获得相应的环境许可证。同时制定了施工期环境管理方案，对工程施工阶段的环境问题及影响进行详细、全面的管理。管理内容包括疏浚和填海活动对环境的影响、大气排放和粉尘影响、噪声和振动影响、交通影响、疏浚时对地表水的潜在影响和浑浊卷流、对海洋生态和生物多样性的影响、对土壤和地下水的影响、施工期间废物的产生和管理、对陆地生态和生物多样性的影响、对海岸线的影响等，尽可能避免污染和破坏，确保在健康、安全、治安、环境和社会责任等方面满足世界银行国际金融公司（IFC）和加纳环保局的要求。

项目先后投入大量资金加强环境监测能力，投入 30.76 万人民币购置气体检测仪、粉尘微粒监测仪、噪声计 / 噪声监测仪各两套；建立了一支专门的环境监测队伍，每周不间断地进行环境监测工作；每天有专门的车辆在项目施工现场和

60千米以外的自营石场对生态环境进行监测；安排车辆定期在指定区域洒水，有效降低空气中的总悬浮物数量；施工现场专门设置了临时废弃物储存点和临时油料堆放点，每日对废油废渣进行监督管控。

（四）海龟孕育中心

每年的10月至次年4月都是海龟的产卵期，项目施工区域的沙滩正是海龟在西非的主要产卵地之一。海龟也是当地法律规定的保护动物之一。因项目施工的不断推进，海龟原有的孵化沙滩会受到一定影响，为确保海龟的正常繁殖，保持施工范围内现有的生态平衡，项目部决定对海龟进行就地保护。

对项目部来说，海龟保护是一项全新的工作挑战。通过与加纳环保局、林业局、野生动物保护司及渔业委员会多方的沟通，项目部找到GWS（加纳野生动物保护协会），并签署海洋哺乳动物——海龟监测合同，聘请GWS的专业技术人员到项目现场指导海龟保护工作。

通过现场考察及多方沟通后，项目部决定在项目一期东护岸以西，营区前方划定一块特定区域，按照技术专家的指导要求，仿造海龟孵化环境建立一个"海龟孕育中心"（图1-6），并由技术专家培训一批人员从事海龟保护监测工作，将施工红线以内及周边较近沙滩的海龟蛋收集到孵化池内，统一照看，集中孵化。另选定当地海滩sakumono，由当地专家进行评估后，将孵化的小海龟在此处统一放生。

图1-6 "海龟孕育中心"外景图

（图片来源：中国交通建设股份有限公司提供）

“海龟孕育中心”的建设选址要在相对安静且无夜间照明的地方，地基要用干燥的细砂且比周边地势要稍高一些。考虑金属结构将影响幼体海龟的生物导航能力，整个孵化池的搭设材料不能用金属材料。项目部特地从工程物资中调拨出一批 PVC 管，以 PVC 管作为孵化区的主要结构，建造了一座占地近 50 平方米的孵化区，最多可同时容纳超过 40 窝海龟蛋。

海龟产卵主要是在夜间，寻找海龟产卵地主要是根据它上岸后的蹼印。而海龟对白光比较敏感，一旦发现海龟，要使用柔和的红光来跟踪它。迁移海龟蛋时要在盛装容器内铺一层细砂，轻拿轻放。回到孵化基地后要仿造海龟自然产卵时的窝，挖一个直径 20 厘米、深 50 厘米左右的洞，将海龟放置在洞内并回砂。孵化区外设有围挡和员工休息设施，监测人员对其进行 24 小时轮班值守，并填写好巡逻与观察记录。海龟蛋的孵化周期为 45 ～ 60 天，监测人员在发现孵化迹象后会第一时间通知技术专家和项目管理人员，由管理人员统一协调小海龟的放生工作。图 1-7 为海龟保育专家送小海龟回家。

图 1-7 海龟保育专家送小海龟回家

（图片来源：新华社记者 赵姝婷 / 摄）

GWS 的海龟专家针对如何寻找海龟及迁移海龟蛋、如何挖制海龟孵化窝、海龟孵化具体条件及“海龟孕育中心”的选址和建设技术要求这一系列问题，给项目部开设了专门的培训班，所有从事海龟保护巡逻、观察孵化情况及放生小海龟等的工作人员都必须经过培训才可以上岗。

在专家的建议下，项目部设置 6 名专员 24 小时轮流在海滩进行巡查，由专人进行备案，并配备一名专业海龟孵化人员负责海龟孵化。同时项目部也在施工区域外较近的海滩聘请了 6 名当地村民协助进行海龟保护，每晚在海滩进行巡视。

截至 2019 年 6 月 1 日，加纳特码项目部共收集海龟蛋 15 255 枚，总孵化数为 11 114 只，孵化率为 86.8%（自然条件下，海龟蛋孵化率为 10% ～ 20%）。

此外，项目部还走进周边学校宣传海龟保护相关知识等，让环保理念深入人心（图 1-8）。

图 1-8　环境保护宣传走进校园

（图片来源：中国交通建设股份有限公司提供）

（五）项目主要经验

加纳特码新集装箱码头工程在当地生态保护上取得了较好的成效，得到各方的一致认可，可以总结出以下 4 点经验。

1. 在项目选址上，要提前进行全面的环境考察，并与当地渔业委员会、市政局、环保局、消防局、海事局、矿务局等，以及周边居民社区、学校、教堂等组织机构进行沟通，收集他们对项目环保工作的建议与意见，提前协调与这些利益相关方的关系。

2. 在项目施工过程中应安排相应人员或专人对环境进行持续监测，包括但不限于地表水质量、大气质量（包括石场作业环境监测、交通线路环境监测）等；定期对废弃物进行分类处理、设置化学品存放库、设置公示牌等；定期进行环保培训，如海上漏油应急演练、防溢油实操培训、现场清理溢油等。

3. 如项目无法避免对当地野生动物造成影响，应积极与当地政府、机构沟通与合作，尽早拿出相应的保护方案，并时刻监测附近生态环境是否发生变化等，监测结果应持续进行记录。

4. 在考虑工程影响时，不能仅限于施工范围内，同时要考虑周围区域，并以此为依据规划施工方案，优化施工工艺。合理选择弃土场或垃圾处理地点，避免造成施工地域水土流失或其他生态破坏。

第二章

清洁能源

三、巴基斯坦卡特洛水电站

巴基斯坦清洁能源资源丰富，开发潜力巨大，但开发率较低，电力市场供需矛盾也较为突出。卡洛特水电站有助于缓解巴基斯坦电力供需矛盾，促进巴基斯坦的经济社会可持续发展，推动巴基斯坦落实联合国2030年可持续发展目标7（SDG7：“确保人人获得负担得起的、可靠和可持续的现代能源”）的进程。随着中巴经济走廊的建设，清洁能源有望成为巴基斯坦国家能源结构中的突出亮点，在为巴基斯坦工业化进程持续供能的同时，带来丰厚的社会、环境效益。

（一）背景

位于巴基斯坦东部的旁遮普省是巴基斯坦的第二大区域，总人口为1.1亿人，是巴基斯坦人口最多的省份。同时旁遮普省也是巴基斯坦工业、农业最发达的地区，在巴基斯坦4个省份中经济实力最强①。

作为一个经济大省，严重的电力短缺对当地的生产、生活造成了很大的影响。对当地人来说，每天间隔1～2个小时停电1小时，每天停电时间在8小时以上的情况十分普遍，最高峰的时候全天停电会接近16小时。由于电压不稳，家用电器经常会被烧坏。更严重的是，旁遮普省夏季又长又热，40多摄氏度的高温天每年都有，因为缺电导致中暑死亡的情况时常发生②。

据统计，2016年巴基斯坦全国电力总装机容量仅约2.5万兆瓦，且装机容量的可利用率低，实际送电能力仅为1.7万兆瓦左右。由于电力市场供不应求，导致巴基斯坦长期处于缺电状态，巴基斯坦政府曾多次采取大范围的限电措施，包括各省工厂交叉停产，暂停使用户外广告牌与霓虹灯，将部分运输及化肥生产所需天然气改为用作发电等。截至2016年年底，巴基斯坦全国仍有约5 100万人口处于无电的生活状态③。

印度河的5条支流皆流经旁遮普省，历史上这个区域被称为“五河流域”，“旁遮普”这个名称来自波斯语中“五”和“水”的组合。吉拉姆河是这5条支流之一，也是印度河流域水系最大的河流之一，吉拉姆河的主干就位于旁遮普省。吉拉姆河干流全长725千米，流域面积6.35万平方米，上游天然落差约700米，非常有利于开发水电。当地丰富的水能资源为稳定清洁的电力供应提供了可能。

① https://go.huanqiu.com/article/9CaKrnJUimr.

② http://news.haiwainet.cn/n/2019/0321/c3543228-31520988.html.

③ https://www.sohu.com/a/197007510_444154.

（二）项目概况

在"一带一路"倡议的推动下，2015年4月，丝路基金、中国长江三峡集团有限公司（简称中国三峡集团）与巴基斯坦私营电力和基础设施委员会在伊斯兰堡共同签署了《关于联合开发巴基斯坦水电项目的谅解合作备忘录》。

卡洛特水电站是"中巴经济走廊"首个水电投资项目，也是丝路基金成立后投资的"第一单"（图2-1）。项目采用BOOT（建设—拥有—经营—转让）模式，于2016年12月开工建设，计划2021年投入运营，运营期30年，到期后无偿转让给巴基斯坦政府。卡洛特水电站规划装机容量720兆瓦，建成后，每年可提供约32亿千瓦·时的清洁电能，相当于巴基斯坦2017年全国水电年发电量的10%，能够满足200多万户巴基斯坦普通家庭一年的用电需求①。根据中国电力企业联合会发布的数据，按照火电发电量二氧化碳排放约844克/（千瓦·时）计算②，卡洛特水电站每年至少可减少二氧化碳排放量270万吨。

图2-1　卡洛特水电站

（图片来源：中国长江三峡集团有限公司提供）

① http://news.sina.com.cn/o/2018-09-24/doc-ihkmwytn9014395.shtml.

② https://www.cec.org.cn/detail/index.html?3-282208.

（三）项目融资的可持续性

卡洛特项目总投资约为 17.4 亿美元，中国三峡集团作为大股东仅投入 20% 的资本金，其余 80% 为中国进出口银行、中国国家开发银行、丝路基金以及世界银行旗下国际金融公司（IFC）组成的国际银团提供的贷款。这种融资方式叫作“有限追索的项目融资”，是国际上通行的融资模式，基本原则是以项目本身产生的收入满足还款和投资回报的要求，确保了融资的可持续性。

（四）严格的环境和生物多样性管理措施

卡洛特项目的环境影响评价不仅要满足巴基斯坦当地环境管理法律法规的要求，还要参照 IFC 的环境和社会责任框架，环评报告也要同时得到巴基斯坦政府和 IFC 的批准。环评报告批准后，地方环保部门向卡洛特项目下发环境许可证。

在项目建设阶段，根据环评报告中的要求，中国三峡集团建立了相应的社会环境管理体系，并制订了详细的社会环境管理计划，与环境和生物多样性相关的计划包括《生物多样性管理计划》《水质量管理计划》《空气质量管理计划》《水土流失和冲刷控制计划》《噪声与振动管理计划》《废弃物管理计划》《渣土与边坡稳定管理计划》《防泄漏与应对管理计划》8 个管理计划。计划执行过程中，中国三峡集团聘请了专业的环境工程师开展过程指导与管理，对项目从业人员、相关操作人员及管理人员开展环境保护、水土保持等培训。

2015 年，在开展项目环境影响评价过程中，中国三峡集团便组织专家对项目所在地区开展关键栖息地评估。评估结果显示，项目所在区域不是关键栖息地，但是涉及几种鱼类的自然栖息地，这几种鱼类在世界自然保护联盟（IUCN）濒危物种红色名录中，评估结论中要求制定单独的《生物多样性管理计划》。2015—2016 年，中国三峡集团聘请鱼类专家进行了项目相关区域河段的鱼类调查，以确定保护基线。调查表明，这几种濒临灭绝的鱼类，在邻近的明渠中繁殖，所以保护这些明渠十分重要。在《生物多样性管理计划》中，列出了有关该鱼类的所有数据和建议的保护措施。部分措施包括要求蓄水初期及运行时期大坝下游的基流不低于 5 米 ^{3}/ 秒，严格维持大坝下游水生态环境；建设期间，施工区树立禁渔标识，在溢洪道设置生态流量泄放孔和闸门，用于机组停运期间泄放生态流量（图 2-2）。

图 2-2 溢洪道建设情况

（图片来源：中国长江三峡集团有限公司提供）

（五）绿色施工措施

项目建设过程中，建设材料尽可能采用当地材料或就近取材，促进项目资源合理有效利用。如大坝填筑，通过技术研究与比选，选用了附近河流天然砂砾石为主要原料，开采过程中严格遵守环境和生物多样性保护要求。

项目采用了 15 米^3/ 时地埋式生活污水处理设备，采用 A^2O 工艺，回流硝化、脱氮、除磷工艺，以生物接触氧化为核心。砂石系统废水采用细沙回收预处理＋辐流式沉淀池沉淀＋机械压滤脱水处理工艺处理，重复利用率达到 90%。

油类储存区、油类使用区均配置了专业的油污处理工具包，对操作人员在岗前进行油污专业处理培训。重油发电厂、沥青拌和站、危险物质储存使用均事前在当地环保局办理许可，制定专门的实施、操作、应急、过程控制等环境管理规则。

在废弃物管理方面，项目生活区域均设置了垃圾桶以及垃圾回收站，项目聘请了专业的废弃物回收公司，对现场生活垃圾进行统一回收处理。

在水土保持方面，对所有外露面采取植被覆盖措施，减少水土流失和避免扬尘的产生。

此外，为落实环境保护各项限制性和控制性指标，项目聘请第三方环境监测公司每季度对卡洛特项目开展环境监测工作，有效约束各参建方切实履行职责。

（六）配套基础设施建设

在坝区，中国三峡集团对卡洛特旧大桥以及相关道路进行了复建（图 2-3）。

在库区，新建了一座200米长的钢筋混凝土公路大桥、一座277米的跨杰赫勒姆河悬索步行桥，以及一条7.1千米的公共道路。

图2-3 坝区建设场景

（图片来源：中国长江三峡集团有限公司提供）

在卡洛特水电站的建设期内，中国三峡集团计划在受工程影响的地区实施总投资超过640万美元的社会责任项目，包括改善当地的教育和医疗设施条件、维修公共供水系统和道路、修建公共图书馆等，通过切实改善基础设施条件提升当地居民生活水平。截至2020年9月，已向当地政府移交2所医院、4所学校、1栋职工宿舍（图2-4）。目前建设1条公共道路、1所学校、1所医院已列入建设规划，且正在对周边村庄的道路、医疗以及供水条件进行前期调研，具备条件后立即启动实施。

图2-4 新建的卡纳达学校校舍

（图片来源：中国长江三峡集团有限公司提供）

（七）与当地政府、社区建立固定交流机制

中国三峡集团根据IFC绩效考核标准和巴基斯坦当地法律法规，参考国际行业良好准则，制定了《相关方管理计划》以及《社区申述机制》，并以此为指导准则与当地政府、社区、社会组织以及居民建立固定沟通和交流机制。

1. 成立申诉委员会，定期召开会议

申诉委员会的成员包括项目单位代表、工程总承包（EPC）的总承包商代表、受影响区域政府代表、移民代表、受影响社区代表等。根据《社区申述机制》，申诉委员会每季度召开一次会议，讨论当前与项目相关的社区问题，共同友好协商解决相关问题。

2. 配置社区联络员，定期走访社区、政府等利益相关方

项目集团安排专职人员担任社区联络员，负责向社区宣贯申诉机制流程、定期收集社区居民投诉、不定期组织与社区居民的会议，及时处理社区投诉（图2-5）。

3. 设置投诉箱

为给项目相关方提供投诉和建议渠道，在项目附近主要受影响社区放置投诉收集箱，定期收集社区居民书面申诉，形成记录，安排社区联络员及时跟进，回复处理状况。

图 2-5　社区联络员与社区居民召开会议

（图片来源：中国长江三峡集团有限公司提供）

（八）带动当地就业和劳动技能培训

截至2020年9月，项目雇用中方工人1 253人，巴方工人3 374人，中巴比例为1 ∶ 2.7，极大地带动了当地的就业（图2-6）。

针对那些因移民而影响生计的当地居民，除了提供补偿之外，中国三峡集团还专门实施了“生计恢复计划”，免费为16岁以上的受影响移民提供理财知识培训以及电工、水管工、汽车驾驶等技能培训，确保他们能更好地使用移民补偿款改善生活，同时具备其他谋生能力。

此外，为从根本上提高当地社区和广大移民的后续发展动能，中国三峡集团联合巴基斯坦旁遮普大学、孔子学院、江西理工大学共同实施巴基斯坦移民奖学金计划，选拔合格移民家庭生源参与中巴高校的“2 ＋ 2”大学本科学历的联合培养，提供全额奖学金资助他们完成4年的电气工程专业大学本科教育，并在未来提供巴基斯坦水电站长期稳定的工作机会。截至目前，已有2批33名巴基斯坦学员来华学习。

图2-6 卡洛特项目的部分员工

（图片来源：人民网国际频道）

四、黑山莫祖拉风电项目

由中国国家电力投资集团所属的上海电力股份有限公司与马耳他政府共建的黑山莫祖拉风电项目，使黑山向意大利及欧洲大陆输电成为可能，有望实现黑山成为南欧电网枢纽中心的愿景。莫祖拉风电项目将有力推动黑山实现能源发展战略，加快2030年可持续发展目标7（SDG7："确保人人获得负担得起的、可靠和可持续的现代能源"）的落实进程，同时也对黑山政府履行加入欧盟的承诺具有重要意义。

（一）背景

黑山国内电力供应长期不足，经常需要从塞尔维亚、马其顿、阿尔巴尼亚等国进口电力。2017年，黑山电力进口量约占电力消耗总量的32%①。作为欧盟候选国，黑山也需要按照欧盟要求履行承诺，发展清洁能源。根据黑山的能源发展战略，其在2020年前全国可再生能源发电占比要达33%。

（二）项目概况

莫祖拉风电项目由中国国家电力投资集团所属的上海电力股份有限公司与马耳他政府携手共建。项目位于黑山南部莫祖拉山区，建设23台中国制造的2兆瓦低风速智能风机，总装机容量4.6万千瓦。项目于2017年11月7日正式开工；2018年12月22日实现首台风机并网；2019年2月8日全部风机并网发电并进入黑山政府的法定试运行期；2019年11月15日完成技术验收流程后获得黑山政府颁发的使用许可，实现工程竣工；2019年12月26日取得黑山能监局签发的使用许可和优先发电商资质；2020年4月25日投入试运营。

项目投产后，将帮助黑山实现"新能源装机容量翻番"的目标，每年可提供1.1亿千瓦·时清洁电力，约占黑山全国发电总量的5%，将主要满足巴尔和乌尔齐尼两座城市的用电需求，可供10万居民使用，每年可为黑山减少约3 000吨温室气体排放②。

（三）中国的"智能风电"技术

为保证发电量，莫祖拉风电项目采用了中国先进的"智能风电"技术，其特

---

① http://www.xinhuanet.com/2019-04/11/c_1124355731.htm.

② http://www.sasac.gov.cn/n2588025/n2588139/c11632202/content.html.

图 2-7　莫祖拉风电场

（图片来源：上海电力股份有限公司提供）

点是通过智能控制技术、先进的通信和信息技术建设能源互联网（图 2-7）。其中核心的技术是智能控制技术，通过人工智能算法，突破传统风机的技术限制，使风机发电效率提升 15% ～ 20%。此外，中方开发的智慧风场软件产品，可以将传统风电场转型为智慧风场，其主要特点是实现集中监控、移动检修、无人值守，基于损失电量实现信息透明、闭环管理，基于风流模型实现电网友好，基于健康度管理进行状态维护。与传统风电场相比，发电量提升 10%，运营成本降低 20% 以上。

（四）促进能源领域技术转移

莫祖拉风电项目是中国与马耳他在能源领域合作的成功案例之一，在此之前，双方已经开展了多年的合作。

长期以来，马耳他的电力供应主要依靠与意大利西西里相连的海底电缆跨国输电。但因海底电缆技术故障频发，马耳他经常停电，2014 年，马耳他用户平均每年停电时间为 9.69 小时①。马耳他自然资源匮乏，能源供应一直依赖进口，

① http://www.spic.com.cn/ztjj/zlld/lsxd/201812/t20181213_296188.html.

进口能源中63%以上用于发电。马耳他最大的电厂D3发电有限公司建设之初只有8台重油发电机组，年发电量只有13.68万千瓦·时，重油发电产生的滚滚黑烟带来了严重的空气污染。为推进优化能源结构、降低电力成本、保障供电安全性和稳定性，马耳他一直在积极寻求有实力的合作伙伴。

2014年12月，为开展深入合作，上海电力股份有限公司与马耳他能源有限公司签署了"一揽子"合作协议。上海电力股份有限公司投资1亿欧元参股马耳他能源有限公司；投资1.5亿欧元控股马耳他最大电厂D3发电有限公司（150兆瓦），双方还合资成立国际可再生能源发展有限公司、国际能源服务中心，促进环地中海区域的清洁能源发展。在上海电力股份有限公司的有力支持下，马耳他能源领域取得显著发展。

图2-8 马耳他D3发电有限公司

（图片来源：中国国家电力投资集团提供）

第一，马耳他整体投资环境得到改善，国家主权信用评级提升。上海电力股份有限公司通过一系列技术和管理提升，助力马耳他政府兑现“降低居民和商业用户电价 25%”的承诺，电价从高居欧盟前三降至倒数，实质性改善了马耳他国家营商环境，促使马耳他国家主权信用评级连续上调至“A+”。

第二，改善和稳定马耳他能源结构。上海电力股份有限公司参与马耳他电力运营发展后，用 3 年时间就使得马耳他电网公司成功实现从濒临破产到稳定盈利，马耳他全国的电网安全性、稳定性、可靠性大幅提升。马耳他用户平均每年停电时间下降到 0.44 小时，优化率达到 90%；非技术线损从 14% 下降至 4.7%，电网可靠性达到 99.99%。

第三，推动马耳他环保、节能、减排标准符合欧盟要求。上海电力股份有限公司控股马耳他最大电厂 D3 发电有限公司后，主导完成了 8 台机组的油改气改造，不仅为马耳他贡献了天然气机组，还对内燃机进行了改造，对烟气系统进行了升级，改造完成后，马耳他完全告别了重油发电，全厂效率由原来的 46.7% 提升至 50%，氮氧化物、一氧化碳等排放值远低于马耳他政府的排放限值，达到欧盟排放标准，整体运行指标处于领先水平。

第三章

清洁水

五、安哥拉卡宾达供水工程

安哥拉卡宾达供水工程不仅通过建设高质量、完善的供水系统为卡宾达省居民提供了安全卫生的饮用水，有效改善了民生；还通过各类可持续基础设施建设与运营方式以及社会服务措施，积极促进了当地环境质量与社区福祉的提升；帮助安哥拉加快实现联合国2030年可持续发展目标6（SDG6：“为所有人提供水和环境卫生并对其进行可持续管理”）的进程。卡宾达供水工程全部建成后，通水面积将覆盖卡宾达省95%的人口居住区域。工程能够同时补给卡宾达市及周边市区7个既有水厂，解决供水不足问题；并通过遍布卡宾达城区的9条环网，以及二级管网、入户管网和公共取水点，为城区近11万户居民送去洁净安全的饮用水，直接受益人口超过60万人。《可持续发展报告2020》评估结果显示，安哥拉在SDG6上进展趋势向好，这其中不乏卡宾达供水工程做出的积极贡献。

（一）背景

卡宾达省是位于安哥拉最北部的一块飞地，北接刚果共和国，东接刚果民主共和国，西临大西洋，面积7 270平方千米[①]。截至2019年年中，全省人口约为82万人，其中城镇人口约79万人[②]，绝大部分人口居住在首府卡宾达市。卡宾达市也是仅次于首都罗安达的第二大城市，是安哥拉的政治经济中心之一。

卡宾达省的希卢安果河（Chiloango River）等三条主要河流是当地工农业生产和居民生活用水的主要来源。近年来，随着工业化发展加速，环境污染日益严重，作为城市主要供水来源的河流和溪流，其水质不断恶化，严重威胁居民用水安全。加之卡宾达城区供水与城市道路等市政基础设施条件整体较差，供水系统覆盖率和普及率较低，供水分配不平均，大多数居民生活用水的质量与可获得性不稳定。项目建设前，卡宾达市有40%～50%的人口无法获得清洁的生活用水[③]。卫生条件差、水资源稀缺，也造成了卡宾达地区内疟疾、腹泻和霍乱的发病率很高[④]。随着城市人口不断增加，对于安全清洁用水的需求加剧，迫切需要

①http://www.angop.ao/angola/en_us/portal/provincias/cabinda/conteudo/2013/7/34/The-Province,e089aa92-16e4-4216-aec0-bbb16bd18dfb.html?context=04239561-2759-4ebd-86c6-326b0000054a.

② https://populationstat.com/angola/cabinda.

③ https://www.idrc.ca/en/research-in-action/improving-water-security-and-reducing-climate-risk-angolas-coastal-cities.

④ https://www.idrc.ca/en/research-in-action/improving-water-security-and-reducing-climate-risk-angolas-coastal-cities.

改善供水的安全性、可靠性、清洁性及相关卫生条件。因此，安哥拉政府决定实施卡宾达供水工程，改善当地民生。

（二）项目概况

卡宾达供水工程是安哥拉卡宾达省最重要的民生工程，由安哥拉能源水利部作为业主单位发起，PROFIS WOHNBAU GMBH 工程咨询公司进行监理，中国铁建股份有限公司（以下简称中国铁建）具体承担设计、施工及前期运营维护工作（图 3-1）。工程涵盖取水泵站、净化水厂、高位蓄水池、净水管道等全套供水设施的建设工作[①]。项目于 2016 年 10 月正式动工。其中，一标段工程重点包括 ETA2-THIZO 供水系统修复、7 000 立方米高位蓄水池、48.6 千米供水主管道、18 千米供水分配管网建设等施工任务；二标段工程主要包括 5 座 5 550 立方米大型混凝土蓄水池、3 座 50 ～ 370 立方米水塔、1 座主办公楼、24 千米主输水管道、64 千米总计 9 条覆盖卡宾达全省的环网、1 100 千米配套的二级管网及入户管网、219 处公共取水点的施工建设任务。

图 3-1　卡宾达供水项目建设示意图

（图片来源：中国铁建股份有限公司提供）

截至 2020 年 10 月，一标段工程已顺利完工；二标段工程已完成蓄水池、水塔、办公楼、主输水管道、9 条环网及 200 千米配套二级管网和入户管网建设工作，正在实施剩余的配套二级管网、入户管网及入户连接工作。

卡宾达供水工程全部建成后，通水面积将覆盖卡宾达省 95% 的人口居住区域。该工程在补给市区现有 7 个水厂的同时，通过 9 条环网及其二级管网、入户管网和公共取水点，实现清洁安全用水到户，60 万以上的居民能够直接获益。

卡宾达供水工程能够消除卡宾达当前在饮用水生产、储存和分配上存在的问题，以简单、快速、低成本、易于操作和维护的方式，提供便捷、高效的饮用水处理和供应系统。重点是在公共卫生方面，消除和降低了供水工程中的二次污染，

① http://www.cr20gf.com/art/2018/12/16/art_19322_2802472.html.

提升了饮用水水质，实现了更安全、卫生的饮用水供应，改善了当地民众的健康状况，提高了取用水的便捷性，提升了当地居民的生活品质。该项目也为卡宾达省的水利改革、饮用水规划、城市规划、经济发展奠定了坚实基础。

（三）严格的环境保护措施

项目伊始，中国铁建即委托当地环评公司对项目的整体环境影响与应采取的保护措施等情况进行了全面排查、梳理，依照项目所在地《安哥拉环境法》（第5/98号法）、《环境影响评估》（AIA）2004年7月23日第51/04号法令、《国家环境管理计划》（PN GA）标准与要求编制了相应的《工程环境与社会管理计划》，并向业主单位及环境保护部门报批备案。随后，在业主单位、监理机构及当地环境保护部门监督下，全程严格实施该计划（图3-2）。

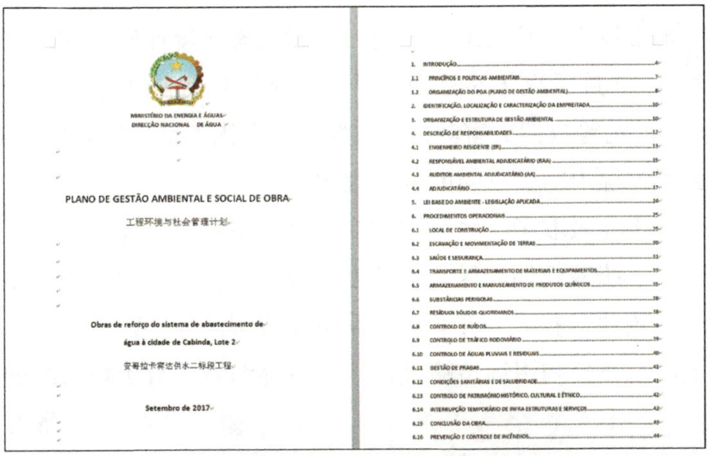

MINISTÉRIO DA ENERGIA E ÁGUAS
DIRECÇÃO NACIONAL DE ÁGUA

PLANO DE GESTÃO AMBIENTAL E SOCIAL DE OBRA

工程环境与社会管理计划

Obras de reforço do sistema de abastecimento de água à cidade de Cabinda, Lote 2

安哥拉卡宾达供水二标段工程

Setembro de 2017

图3-2　工程环境与社会管理计划

（图片来源：中国铁建股份有限公司提供）

自工程实施以来，中国铁建按照《环境管理体系—标准要求及使用指南》（GB/T 24001—2016）和《环境管理体系　要求及使用指南》（ISO 14001—2015）对环境管理体系的相关要求，对执行项目建立“三同时”制度，即项目节能环保管理设施与项目施工同设计、同施工、同使用，做到工前技术交底、过程严格监控、完工科学评价。按照中国国内要求的“6个100%标准化工地建设”，做到工地周边100%围挡、物料堆放100%覆盖、土方开挖100%湿法作业、路面100%硬化、出入车辆100%清洗、渣土车辆100%密闭运输。

为了确保8座混凝土水池内壁防水材料既对人体无害，又能符合生态环保要求，中国铁建主动与业主、监理沟通，采用了经法国公共卫生高级委员会认定适于饮用水接触、新型环保的西卡（Sika）防水涂层材料（图3-3），在确保施工质量、满足功能需求的同时，切实达到环保目的。

图3-3　Sika防水涂层施工

（图片来源：中国铁建股份有限公司提供）

（四）克服水土流失

卡宾达省地形以土质丘陵地带为主，自然生态环境比较脆弱；气候则为赤道雨林气候，每年10月至次年5月为雨季，降雨频繁且降水量较大。因此，省内水土流失、坡体冲沟等自然灾害频发，成为一直困扰当地政府和居民的重要问题，也成为项目施工过程中需要克服的重要难题。

中国铁建基于此采取了一系列有效措施进行应对。首先，根据卡宾达省气候与地质特点进行了统筹规划，尽量将坡度比较陡且基槽比较深的路段安排在旱季施工。其次，采用绿色技术与手段对工程进行加固。包括：（1）在受冲刷影响比较严重的地段，充分利用铺装路段挖除的废弃沥青混凝土块对路面进行铺设，再使用压路机压实，避免雨水冲刷回填压实后的管道沟槽；（2）加强对周边坡地的治理，针对非道路区域的陡坡地段，在敷设管道后利用生物护坡技术及时增加坡地植被覆盖率，加固坡体，防止雨水冲刷形成滑坡（图3-4、图3-5）。

图3-4　利用废旧沥青混凝土对陡坡路段进行雨水冲刷防护

（图片来源：中国铁建股份有限公司提供）

图 3-5 陡坡地段种植植被防雨水冲刷

（图片来源：中国铁建股份有限公司提供）

（五）良好的环境与社会效益

卡宾达供水工程实施全过程中，中国铁建项目管理人员严格遵守所在地的法律法规，尊重当地人的习俗，帮扶当地政府发展经济，着力解决民众就业等民生问题。在确保供水工程本身的环境与社会效益的同时，也产生了切实的环境质量改善、社区福祉提升等效果。

1. 绿色施工获好评

在施工过程中，规范施工机械操作，严格规避居民休息时间，限制车速，禁止随意鸣笛，做好车厢苫盖、道路洒水降尘等措施，确保了机械设备噪声不扰民、工程作业不污染环境，获得了当地居民的一致好评，也获得了安哥拉国家新闻媒体的多次采访宣传。安哥拉总统、能源水利部部长、卡宾达省长等政府高层人士也多次到工程现场视察，对中国企业在项目实施过程中所做的环境保护、履行的社会责任给予高度肯定和赞扬（图 3-6）。

图 3-6 安哥拉总统到施工现场视察

（图片来源：中国铁建股份有限公司提供）

2. 创造就业岗位，提升工人劳动技能

中国铁建在项目实施过程中重视使用当地劳动力，不断创造就业机会。卡宾达供水项目中方与当地的劳务比例由项目刚开工时的 3 ： 7 逐步上升到 1 ： 17。项目实施以来平均每日为当地居民提供约 400 个就业岗位，帮助当地劳务部门直接解决劳务就业约 6 000 人次。中国铁建在用工过程中充分尊重工人的各项权利，工作条件好，薪酬待遇高，也支持工人在出现问题时到当地劳工部门解决争端。因企业用工规范，项目实施至今未出现过任何劳动和劳务纠纷问题。

中国铁建注重对当地劳动力的技能培养与能力提升。目前，安哥拉籍班长、安全员、机械操作手、测量工班的技能水平已经不亚于中国员工。为确保工程的可持续经营与管理，中国铁建还与卡宾达水务公司达成协定，代为培养 20 名专业技术工人用于工程移交后的日常运营。

3. 建立沟通渠道，着力服务当地社区

中国铁建在项目启动阶段便同当地政府部门、水务公司建立了固定联系，主动了解当地需求并提供力所能及的服务，提升社区福利水平。在项目实施过程中，经常帮助当地水务公司修理破损的水管，配合政府部门清理市区垃圾，给项目现场附近居民义务送水，为当地员工提供定期和不定期体检（图 3-7、图 3-8）。新冠肺炎疫情期间，中国铁建应安哥拉能源水利部请求，专门配备 1 台送水车给当地的水务公司无偿使用，以满足当地社区民生需求（图 3-9）。

图 3-7　帮助当地政府部门修复损坏的既有供水管道

（图片来源：中国铁建股份有限公司提供）

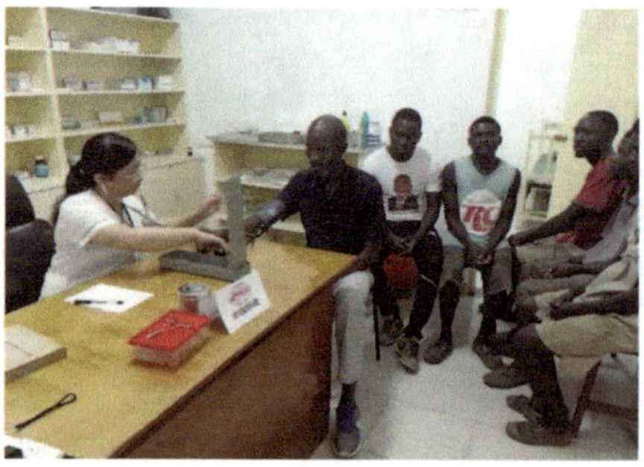

图 3-8　定期为当地工人体检

（图片来源：中国铁建股份有限公司提供）

图 3-9　为当地居民义务送水

（图片来源：中国铁建股份有限公司提供）

六、孟加拉国帕德玛水厂

孟加拉国帕德玛水厂项目是中孟两国政府在“一带一路”框架下的重要民生项目。该项目有助于改善孟加拉国首都达卡地区水质、加强环境保护、提高民众生活质量，推动孟加拉国落实 SDG6 的进程，有利于孟加拉国经济社会可持续发展。

（一）背景

孟加拉国河网密布，被称为“水泽之国”。但孟加拉国水处理设施严重不足，首都达卡饮用水供给主要依靠地下水。随着地下水源的枯竭和达卡市的水源污染（砷含量严重超标）日益严重，为居民提供安全卫生的饮用水已经成为该国政府迫切需要解决的民生问题。

孟中印缅经济走廊是“一带一路”建设规划的六大经济走廊之一。孟加拉国作为孟中印缅经济走廊的重要一方，积极参与“一带一路”倡议下的合作。由中工国际工程股份有限公司（以下简称中工国际）承建的孟加拉国帕德玛水厂，是中孟两国政府在“一带一路”框架下的重要民生项目。

（二）项目概况

帕德玛水厂项目位于孟加拉国达卡市郊，业主为达卡市供排水局。项目总金额 2.908 亿美元，由中国政府援外优惠贷款支持，建设内容包括建造一处取水泵站、一座日处理能力45万吨的净水厂（图3-10）、一处加压泵站、二路高压线架空线及总长33 千米的大口径原水和净水输水管线，工作范围包括设计、供货、施工、安装、调试、培训等。

图 3-10 净水厂鸟瞰图

（图片来源：中工国际工程股份有限公司提供）

中工国际于 2012 年 9 月与业主签订工程承包合同，2014 年 10 月 1 日正式开工。2019 年 1 月通过竣工验收，各项指标一次性全面满足合同约定。2019 年 10 月正式投入运营，向达卡市区并网供水。

本项目为当地居民提供清洁的地表饮用水，有效提升了达卡市地表水源供水系统的能力，惠及约300万当地居民。同时，也有效遏制了当地地下水过度开采导致的地质危害，利用工程手段来实现用水安全，改善卫生条件，对于促进当地经济发展、保护生态环境起到了十分重要的作用。

（三）污染治理措施

帕德玛水厂项目在执行过程中，主要面临着水污染、固体废物污染和噪声污染问题。为实现绿色可持续发展，中工国际采取了一系列有效措施来应对污染问题。

1. 水污染防治措施

为减轻施工过程产生的施工废水和生活污水对地下水环境的污染，对施工废水按其不同性质分类收集、分质处理后，排入项目场地附近的受纳水体；生活污水由隔油池、化粪池收集，经生态处理后排入附近受纳水体。施工过程产生的废泥浆排入泥浆池沉淀处理达标后排放。

2. 固体废物污染防治措施

项目施工过程中产生的固体废物主要是建筑垃圾和生活垃圾。施工中按照有关建筑垃圾和工程渣土处置管理的规定，及时清运至指定的堆放场所。在施工期固体废物的处置过程中，采取如下管理措施：（1）根据需要设置容量足够的、有围栏和覆盖措施的堆放场地和设施，分类存放，加强管理；（2）渣土尽量在场内周转，就地用于绿化、道路等生态景观建设，在场内应设置专门的建筑垃圾堆放场，并及时回填，不可随地倾倒；生活垃圾及时清运统一处置；（3）项目完工后，拆除各种临时施工设施，并负责将工地的剩余建筑垃圾、工程渣土处理干净，做到“工完、料尽、场地清”。

3. 噪声污染防治措施

项目施工过程中通过采取严格的降噪、防噪措施，能够使噪声污染在施工中得到相应控制，可以降低施工噪声对周围居民的影响，随着施工期结束，噪声影响也将随之消失。采取措施包括：（1）用隔声性能好的隔声构件将施工机械噪声源与周围环境隔离，使施工噪声控制在隔声构件内，以减少环境噪声污染范围与程度；（2）在打桩机、锯木机等高噪声施工机械附近设置吸声屏，吸声材料可选择纤维材料、颗粒材料、泡沫材料等；（3）在施工机械设备与基础或连接部位之间采用弹簧减震、橡胶减震、管道减震、阻尼减震技术，可减少动量，降低噪声；（4）合理布局施工场地，按照有关规定，每个施工段对作业区设置围挡；

（5）浇混凝土用的振捣棒，采用低频低噪型，由专业人员操作，不得在振捣作业中撬动钢筋或模板，以防止发出强噪声而污染环境、扰民；（6）降低钢模施工噪声，小钢模改为竹夹板以减少振动作业时冲击钢模产生的噪声。

根据孟加拉国相关规定，当地环保部门和第三方环境评价机构在项目执行前期和项目完工后分别开展了两次环评，主要结论如下：

（1）环境污染评价：水厂排放的沉淀污泥不存在污染特性（pH = 7）；可以用于农田、道路修复的回填材料，对水厂周边和人群不存在危险因素。

（2）环境生态评价：帕德玛水厂项目取水来自帕德玛河，没有对河水沿岸的周边环境造成生态破坏（图 3-11）。

图 3-11 取水口鸟瞰图

（图片来源：中工国际工程股份有限公司提供）

（3）现状评价：帕德玛水厂项目管线沿线植被、草被都进行了施工前和施工后的原样恢复，根据施工前的环境保护专项方案施工，在项目内部和周边进行了植被和草被的保护，开挖前对植被和草被进行了移植保护，专人养护，施工完毕后，及时进行了植被和草被的恢复。

（四）绿色技术应用

1. 水泵变频技术

帕德玛水厂项目日供水能力为45万吨，处理后合格的水需要通过30多千米的管道输送至达卡城区的配水管网。基于城市用水量在时间上不均匀的特点，在取水泵、送水泵和加压泵的设计上均考虑了变频控制。水泵变频调速技术是通过调节输入电源频率来实现调节水泵流量变化的自动化控制技术，和先前的阀门调节相比，具有噪声污染小、节能效率高、工作效率高的特点，进一步提高了水资源利用。

2. 生产用水循环利用

为提高水资源的利用率，尽量减少生产废水向附近自然水体的排放，本项目充分考虑了生产废水的回收利用，将过滤池的冲洗排水在处理达标后进行循环利用。一方面减少了废水的排放量，另一方面也减少了从水源取水的取水量，使本项目的水厂自用水率控制在3%以下，为其长期运营奠定了环境友好的基础。

3. 海绵城市的设计理念

孟加拉国雨季雨水量充沛，多暴雨急雨。帕德玛水厂的厂外排水设计遵循海绵城市的理念，多采用下凹绿地、植草浅沟等绿色措施来组织排水，以"慢排缓释"和"源头分散"为主，将暴雨期间厂内的大量降水渐进分散排出。这样，可以减少建厂初期的吹填土方的用量，同时也减少了传统排水管网大量管材的使用，在节省工程投资的同时，又较好地解决了雨季排水问题。

第四章

可持续交通

七、黑山南北高速公路

为实现绿色环保的设计目标，黑山南北高速公路项目采用了封闭式排水系统绿色设计策略与技术措施，降低了路面水中污染物含量，使其达到欧盟标准中关于污水排放的标准（EN858）。封闭式排水系统具有高度的技术集成性和工艺创新性，能够和高速公路建设有机融合。这种绿色环保的设计理念能够充分过滤路面水中的污染物，降低路面水对道路沿线水资源和环境的破坏，产生很好的环境和社会效益。

（一）背景

黑山南北高速公路项目是黑山建国以来最大的基础工程建设项目，也是黑山首条高速公路，建成后将并入国际公路交通网，连接欧洲中部的多个国家，带动黑山以及整个中东欧地区的经济社会发展，因此本项目也受到整个欧洲的广泛关注。

（二）项目概况

黑山南北高速公路连接黑山南部城市巴尔港和北部城市博利亚雷，全长约180千米（图4-1）。根据黑山政府规划，拟分5段建设，全长41千米的斯莫科瓦茨—马泰舍沃段优先建设，于2015年5月开工，由中国交通建设股份有限公司下属的中国路桥工程有限责任公司承建，合同额达8.09亿欧元。

图 4-1　项目区位图（绿色部分）

（图片来源：中国交通建设股份有限公司提供）

本段也是技术难度和施工难度最大的一段，主要包括主线桥20座、隧道16座、互通立交4座、服务区和维修区各1处、收费站4处，其中隧道总长18.3千米，桥梁总长6.25千米，桥隧比例约占60%。2019年10月，斯莫科瓦茨—马泰舍沃段的莫拉契查大桥正式合龙，标志着这一路段主体结构施工全面进入收尾阶段。图4-2为2018年莫拉契查大桥施工现场。

图 4-2 莫拉契查大桥施工现场（2018 年）

（图片来源：中国交通建设股份有限公司提供）

（三）绿色设计策略与技术措施

1. 绿色设计策略

黑山南北高速公路项目横跨有"欧洲眼泪"之称的塔拉（Tara）河及黑山主要河流莫拉查（Moraca）河。为保护水资源和环境，黑山南北高速公路采用了封闭式排水系统的环保型排水设计理念。

这个设计理念的核心思想是：在各种车辆的影响下，路面上的水通常是被轮胎碎屑、油污、沥青颗粒等有害物质污染过的水体，不能够直接排放到自然环境中，而需要经过专门的排水系统收集、沉淀、净化然后排出。当然，并不是所有路面的汇水都是污染过的水，这个理念认为，持续降雨会将路面冲刷干净，而只有前 20% 的汇水是最具有污染性的，之后的 80% 则是可以直接排放到地表水系或自然环境中。因此，封闭式排水设计的核心在于收集和处理每次降雨时前 20% 的路面汇水，进行沉淀过滤，达到一定生态环保指标要求后，再排出到自然环境中。

2. 技术措施

封闭式排水设计主要是针对行车道雨水及其他路面水，主要组成包含边沟、集水井、检查井、排水管、沉淀池和油水分离器（图 4-3、图 4-4）。

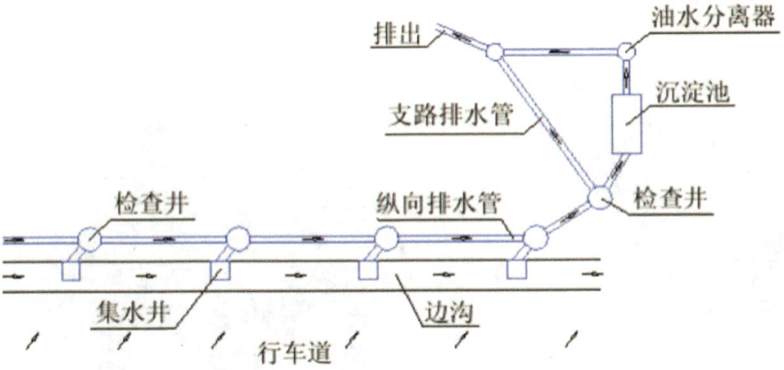

图 4-3 封闭式排水系统平面图

（图片来源：中国交通建设股份有限公司提供）

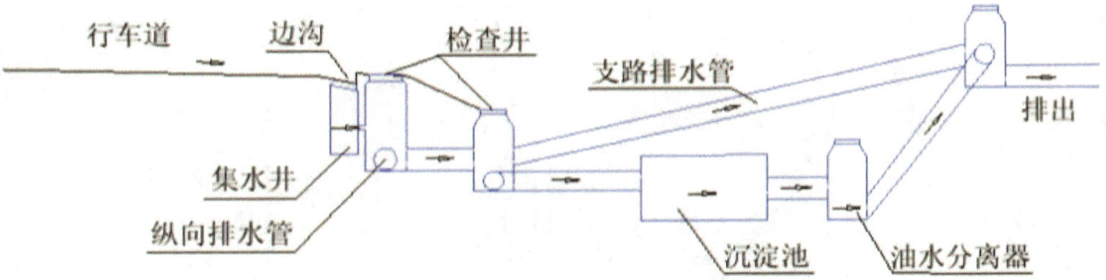

图 4-4 封闭式排水系统剖面图

（图片来源：中国交通建设股份有限公司提供）

封闭式排水设计的工作机理：在一个排水系统单元里，路面水在路面纵坡和横坡作用下流入边沟，通过边沟汇入设置合理的集水井，然后流入检查井，再沿着设定的管道流向处理终端。通过在分流检查井安装不同高程的管道，系统将前 20% 的污水分流至沉淀池，进入油水分离器进行净化之后排出；剩余 80% 的雨水则直接通过支路排出。在这个系统里，每个组成部分都是经过科学的分析和论证，各具特点。

封闭式排水系统能够和高速公路道路设计施工有机结合在一起。由于整个系统都是嵌入在路基中，它兼具实用和环境艺术于一体，实现绿化环保功能的同时，又不影响高速公路的几何形态和外观表现，是一种全新的设计理念和工艺（图 4-5）。

（a）沿路基布置的集水井和检查井

（b）检查井和排水管连接图

（c）油水分离器安装

（d）封闭式排水系统和高速公路的有机结合

图 4-5　黑山南北高速公路施工现场

（图片来源：均为中国交通建设股份有限公司提供）

（四）环境效益和主要经验

黑山南北高速公路项目封闭式排水系统满足黑山当地水文气象条件和欧盟关于污水排放标准要求。通过封闭式排水系统的应用，在 10 分钟强降雨（10 年一遇）条件下，高速公路路面的水能够充分过滤，达到欧盟标准（EN858）的要求，即污染物含量小于 5 毫升 / 升，满足直接排放的标准。

黑山南北高速公路沿线河流、国家森林公园众多，另外道路也穿越部分私人用地。在环保要求极其严格的建设环境下，封闭式排水系统的设计能够在不影响道路使用功能的前提下，将路面的污水充分过滤，满足了欧盟的排放标准。此外，通过调整系统内构件的性能，封闭式排水系统能够满足不同地区、不同环境的环保要求和排放标准。在道路沿线，尤其在对水资源保护要求高、环境敏感性高的地区，如自然保护区、生态保护区和饮用水水源区等，能避免或者显著减少道路污水对周边水资源和自然环境的破坏，对提高生态环境质量有显著的作用。

黑山南北高速公路项目中封闭式排水系统是全新的设计和施工内容，增加了一定的经济成本。但从项目建设环境保护和生态文明的角度出发，这个一次性投入所带来的价值是巨大的。这个绿色设计概念的运用从源头上避免了可能发生的环境破坏或者污染，也就避免了恢复这种破坏所需要的经济投入，而这个经济投入是难以估量的。

八、克罗地亚佩列沙茨跨海大桥

克罗地亚佩列沙茨跨海大桥项目通过优化设计及施工方案，合理调配资源，采用气泡幕降噪、海洋远距离运输钻渣、与当地专业公司开展深层次合作等措施保护海洋环境，推进绿色施工，产生显著的节能、节材及海洋环保效果。

（一）背景

克罗地亚南部的杜布罗夫尼克是著名的旅游目的地，但是从克罗地亚首都萨格勒布开车前往杜布罗夫尼克，需过境波斯尼亚和黑塞哥维那，穿过长约 20 千米的“涅姆走廊”。每逢旅游高峰期，“涅姆走廊”常常堵得水泄不通，通关车辆会排起长龙。修建一座跨海大桥，横跨亚得里亚海小斯通湾，克罗地亚的南北土地将实现连接，往返于南北的居民们将无须每天出入境，开车几分钟即可走完原本两三个小时的路程（图 4-6）。

图 4-6 大桥设计图

（图片来源：中国交通建设股份有限公司提供）

2019 年 4 月，李克强总理在克罗地亚总理安德烈·普连科维奇陪同下视察佩列沙茨大桥项目。李克强总理表示，佩列沙茨大桥是一座友谊之桥，不仅连接海湾两岸，而且承载着两国人民的友谊，有利于地区和平稳定、繁荣发展；它也是一座民生之桥，将有利于人流、物流畅通，便利当地居民的生活，有力促进克罗地亚经济社会发展和民生改善。

安德烈·普连科维奇总理表示，佩列沙茨大桥项目是克罗地亚和中国开展的基础设施大项目，是两国友谊与合作的象征。克罗地亚当地人民对这座大桥期待了多年，最终在中国朋友的帮助下，让梦想变为现实。大桥建成后将极大便利克罗地亚民众出行，有力促进当地发展，也将为中国企业开辟新的市场提供机遇，对欧中务实合作发挥示范性作用。

（二）项目概况

佩列沙茨大桥及连接线项目是克罗地亚迄今为止金额最高的工程项目，大桥预估总造价约 4.2 亿欧元。根据规划，本项目包含跨海大桥和大桥连接线两部分。其中，大桥长 2.4 千米，桥面宽度 22.5 米，通航净高 55 米；连接线部分全长 1.5 千米，路面宽度 12 米。2017 年 6 月，欧盟正式批准该项目，决定承担项目 85% 即 3.57 亿欧元的建设资金。2018 年 1 月，中国路桥工程有限责任公司联合体成功竞得佩列沙茨大桥及其连线一期工程项目，涉及金额约 2.8 亿欧元，合同工期 36 个月。2018 年 7 月 31 日项目正式开工（图 4-7）。

图 4-7　佩列沙茨大桥施工现场

（图片来源：中国交通建设股份有限公司提供）

如何降低工程施工对周围环境的影响、严格遵守当地法律法规做好施工过程中的环境保护工作成为项目顺利实施的关键。

（三）绿色施工方案

1. 合理规划方案，减少施工影响的范围和时间

一是优化桩基施工方案。大桥钢管桩共计 150 根（含试验桩），累计总长 15 483 延长米，总重量 31 100 吨。相比传统的钻孔灌注工艺，本项目采用了钢桩整根打设工艺，选用中国雄程 1 号打桩船进行施工（图 4-8）。同时，钢管桩在工厂一次成型，焊接质量完全满足欧盟钢结构 CE 认证标准 EN1090 EXC4 B+ 等级要求，避免了海上施工现场焊接后再行施工的弊端，施工风险大大降低。优化后的施工方案较原设计方案工期缩短 3 个月，钻机数量、施工船舶、施工人员等相应减少。二是优化水中高桩承台施工方案。原设计采用混凝土预制套箱，占用场地大、耗时长，现优化为预制混凝土套箱底板和钢侧模板拼接成围堰结构，不仅可在水域同时施工，模板也可重复使用，可大面积减少预制场占地面积和环境影响。

图 4-8 钢管桩施工现场（左为钢管桩调运，右为钢管桩打设）

（图片来源：中国交通建设股份有限公司提供）

2. 气泡幕降噪措施，保护海洋环境

钢管桩打设过程中，将产生较大的噪声，对海洋生物造成影响。项目施工中采取气泡幕降噪：在海床表面布置管道，将空气导入管道，从管道开口处上升的

气泡形成一个封闭的泡幕帘，由于空气和水的密度差异，泡幕帘对噪声传播产生高阻尼损耗和散射，并把噪声带出水面排放到空气中。另外，气泡在排出的过程中，使水体产生扰动和声响，对海洋动物有警醒作用，从而使近距离的海洋动物远离施工区域以避免受到伤害（图 4-9、图 4-10）。

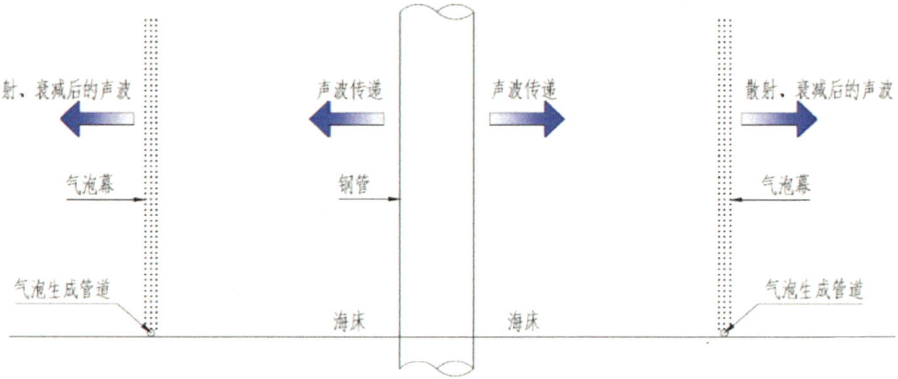

图 4-9　气泡幕原理示意图

（图片来源：中国交通建设股份有限公司提供）

图 4-10　气泡幕降噪装置（白色环形管道）

（图片来源：中国交通建设股份有限公司提供）

气泡幕降噪装置的设置与成功使用，使得钢管桩打设过程满足当地环境保护、噪声保护等相关法律的要求，未发生海洋生物因受声波影响或高能量震动死亡的情况，未受到周围居民任何投诉。

3. 严格控制海水污染

项目部设立节能环保专项资金，2019 年在环保设施方面投入共 400 余万元。主要措施如下：购置海上拦油坝，对可能出现的油污泄漏情况进行预防，投入两艘开底驳船，将钻渣运输到 20 海里外进行集中排放；将原有的三级废水沉淀池改造为四级沉淀池并将生产废水管网全部连通，确保生产废水 100% 回收利用；安装生活污水处理系统，聘请当地有资质的废水处理公司定期处理，确保不对环境造成任何污染（图 4-11）。施工期间未发生一起海水污染事故。

图 4-11　对施工设备进行第三方检测和生活区污水处理装置

（图片来源：中国交通建设股份有限公司提供）

克罗地亚海水 / 浴水评估中心（Sea Bathing Water Quality in Croatia）发布的相关报告显示，根据《海水浴水质法规》（OG 73/08）和欧盟《沐浴水质管理指令》（第 2006/7 / EC 号）确定的标准，2018—2019 年大桥施工区域海水水质评估均为优质。该机构在以施工区为中心 50 千米范围内设置的 7 个监测点结果同样显示为优质。

（四）良好的社会效益

佩列沙茨大桥项目是由中国路桥工程有限责任公司牵头的联合体通过公开投标、公平竞争获得的项目，遵循市场原则、遵守欧盟规则，是中国企业在欧盟境内实施的由欧盟基金出资的基建项目第一单，也是有史以来中国企业在欧盟内中标的最大桥梁项目。

本项目遵守欧盟桥梁建设规范，特别是桥梁钢结构制作要求达到欧盟最高的 EN1090 认证 EXC4 标准（图 4-12）。为更好地融入欧盟建设体系，项目单位先后与 8 家欧盟境内设计咨询类企业合作，完成工程设计、安全环保咨询、法律税务注册等前期事宜；与 17 家欧盟境内施工企业合作，完成测量、地质勘察、实验检测、安全培训、工程咨询等；与 65 家来自克罗地亚、罗马尼亚、波兰等全球设备、材料供应商合作，完成了设备、材料采购。

图 4-12　施工主材及设备均符合 CE 认证

（图片来源：中国交通建设股份有限公司提供）

第五章

固体废物处置

九、越南芹苴垃圾焚烧发电厂

生活垃圾是城市和社区面临的一个重要环境问题。越南芹苴垃圾焚烧发电厂的建设，不仅解决了芹苴市生活垃圾露天堆放造成的诸多问题，还为当地减少垃圾污染、改善百姓生活环境做出了重要贡献，推动了越南垃圾焚烧发电领域的技术发展。

（一）背景

芹苴市是越南五大直辖市之一，地处越南的南部，是湄公河三角洲上最大的城市，总人口为 195 万人，距离胡志明市约 160 千米。近年来，随着经济的高速发展和城市的持续扩张，生活垃圾不断增加，给当地居民生活和环境保护带来了巨大压力。芹苴市生活垃圾清运量约为 650 吨 / 日，原有 2 家垃圾焚烧处理厂（焚烧不发电），日处理量共 150 ～ 200 吨，且计划在短期内关闭。越南芹苴垃圾焚烧发电项目有效地解决了当地垃圾清运能力短缺问题（图 5-1）。

图 5-1 越南芹苴垃圾焚烧发电厂全景图

（图片来源：中国光大环境（集团）有限公司提供）

（二）项目概况

2016年7月，由中国光大环境（集团）有限公司（以下简称光大集团）投资、建设和运营的芹苴垃圾焚烧发电项目正式开工建设，2018年11月建成投产。该项目是越南投产的首座现代化生活垃圾发电项目，为当地经济发展和环境保护提供助力，具有重要的示范效应。2018年，该项目获得芹苴市投资促进会颁发的"2018年芹苴市优秀企业奖"（图5-2）。

图5-2　芹苴垃圾焚烧发电项目获得芹苴市投资促进会颁发"2018年芹苴市优秀企业奖"

（图片来源：中国光大环境（集团）有限公司提供）

芹苴垃圾焚烧发电项目总投资约4 700万美元，采用EPC① 模式建设，项目经营期为22年（含2年建设期）。项目配置一台日处理生活垃圾400吨焚烧炉和一台7.5兆瓦的汽轮发电机组。项目建成以来，垃圾处理量约占芹苴市每日总清运垃圾量的70%。截至2020年8月底，累计处理生活垃圾31.7万吨，发电量1.03亿千瓦·时。产生的电力一部分供厂内自用，另一部分送至当地的电网。

项目在处理每日新产生的生活垃圾的基础上，进一步协助政府逐步处理原有垃圾填埋场的陈腐垃圾，协助解决全市生活垃圾露天堆放造成的诸多问题。

（三）环保工艺

芹苴垃圾焚烧发电项目从开始建设到运营，严格执行与当地政府部门签订的《生活垃圾处理服务协议》，各项指标严格满足项目环评标准。项目建设过程中

① EPC（Engineering Procurement Construction）是指公司受业主委托，按照合同约定对工程建设项目的设计、采购、施工、试运行等实行全过程或若干阶段的承包。

共设立了 5 项与环境相关的工程，分别是废水收集和处理工程、粉尘烟气处理工程、生活固体废物储存处理工程、储存危险废物工程以及环境保护工程。日前，该项目已获得越南环境资源部颁发的环保工程竣工证书，标志着该项目 5 项环保工程已全部验收完成。

越南的生活垃圾热值和成分与中国南方城市接近，光大集团采用“多级往复式顺推 + 翻动”机械炉排炉设备工艺、“选择性非催化还原（SNCR）＋半干法＋干法＋活性炭吸附＋布袋除尘”组合烟气处理工艺、“预处理 + 高效厌氧 IOC+ 好氧厌氧 /（A/O）+ 超滤 + 化学软化 + 微滤 + 反渗透”的渗滤液处理工艺。该烟气处理工艺和渗滤液处理工艺已经在中国南方城市项目中广泛使用，为稳定成熟工艺。芹苴垃圾焚烧发电项目完全按照中国的标准建设，光大集团参照其在中国的安全环境管理体系，对“一进四出”（一进为生活垃圾，四出为炉渣、飞灰、渗滤液、烟气）严格管控。经越南有资质的第三方检测，项目各项数据全部符合越南现有国家标准，烟气在线监测指标日均值达到欧盟 2010 标准。

除了各项数据达标以外，厂区内绿化环境较好，厂房内整洁有序；厂房内负压控制有效，全厂无异味；采用封闭式厂房，噪声得以有效控制（图 5-3）。项目也回收利用各种资源。如渗滤液全部集中处理，实现零排放重复利用；炉渣全部综合利用，用于路基材料和制砖；飞灰经安全收集后，交与政府进行处置。

图 5-3　越南芹苴垃圾焚烧发电厂厂区

（图片来源：中国光大环境（集团）有限公司提供）

（四）带动当地行业发展和就业

因越南垃圾焚烧发电工艺处于起步阶段，相关法规、标准还不完善，芹苴垃圾焚烧发电项目建设过程、采用工艺及运营使用的标准为越南政府完善垃圾发电行业标准提供了依据。本项目本着可持续发展和人才本土化的理念，先后从本地大专院校及周边的社区招聘人才，带动当地就业人数近 200 人（图 5-4）。

图 5-4　培训当地员工，带动当地就业

（图片来源：中国光大环境（集团）有限公司提供）

起初，越南民众对垃圾焚烧发电工艺相关知识了解度和支持度不高。光大集团积极开展公众开放日活动，深化公众参与。最终，其花园式环境，没有异味，没有噪声，严格检测、达标排放，协调处理陈腐垃圾，改善当地城市生态环境，得到了政府、民众、媒体等多方认可。2020 年 6 月，芹苴垃圾焚烧发电项目获得了芹苴市颁发的越南垃圾焚烧发电行业中第一个工业旅游基地批复（图 5-5）。

图 5-5　芹苴垃圾焚烧发电项目获得芹苴市旅游协会颁发的"芹苴市工业旅游基地"批复

（图片来源：中国光大环境（集团）有限公司提供）

（五）积极与当地政府、社区沟通交流

芹苴垃圾焚烧发电项目完全对公众开放，接受政府和社会的监督，本项目在厂区大门外通过发光二极管（LED）屏幕对外公示各项烟气数据，并通过网络实时向当地环境监管部门发布。通过让公众走进企业，实时了解环保设施的运行和污染控制状况，让污染治理设施在群众监督之下运行，在持续保持高水平环境管理的同时，保证项目安全、连续、稳定、达标运行。自 2019 年 4 月开始，项目

方将每个月的第一个周五确定为公众开放日（图 5-6）。截至目前，已累计接待政府机构、周边居民、媒体记者、行业专家、员工家属、中小学生等共 100 多批 2 000 多人次。

图 5-6 每月第一个周五组织公众开放日参观活动

（图片来源：中国光大环境（集团）有限公司提供）

芹苴垃圾焚烧发电项目从项目启动至今持续有当地社区民众的参与。为避免出现生活垃圾焚烧项目“邻避效应”[①]，项目单位在建设前期就组织了当地社区民众到中国实地考察光大集团在运生活垃圾发电项目。项目环评阶段也充分开展了社区民调，确保项目合法合规开工建设。项目建成后多次邀请当地居民到厂内参观，接受社会监督。项目附近居民表示，“过去，摆放在屋外的生活垃圾只会做简单的焚烧或是填埋。现在，垃圾车会时常来到家中收集生活垃圾，让我们的生活环境变得更加干净整洁”（图 5-7）。

图 5-7 中国中央电视台新闻频道采访当地居民（2019 年 4 月）

（图片来源：中国光大环境（集团）有限公司提供）

---

① “邻避效应”指居民或当地单位因担心建设项目（如垃圾场、核电厂等邻避设施）对身体健康、环境质量和资产价值等带来诸多负面影响，从而激发人们的嫌恶情结，采取强烈和坚决的、有时高度情绪化的集体反对甚至抗争行为。

第六章 可持续消费和生产

十、纤生代™（FINEX™）纤维项目

为推动废旧纺织品的资源化，减少废弃纺织品造成的环境污染和资源浪费，赛得利集团通过自主研发，利用消费后纺织废料（如牛仔裤、T恤等旧衣物）生产出纤生代™（FINEX™）再生循环纤维，开启了“资源—产品—消费—再生资源”的循环产业路径，为时尚产业可持续发展提供新的解决方案。

（一）背景

中国是全球最大的纺织服装生产国和出口国，也是全球最大的纺织服装消费市场之一[①]。在“快时尚”观念的影响下，纺织品更新频率越来越快，更新数量越来越大，超过50%的“快时尚”服装会在一年内被丢弃，废旧纺织品的回收再利用成为亟须解决的问题。据推算，2020年中国全国衣服废弃总量达3 000万吨，而这些废弃纺织品大都被焚烧、填埋处理，再利用率不到1%，造成了极大的环境污染和资源浪费。与此同时，纺织业却饱受原料供应紧张的困扰，纺织原材料的进口量高达65%以上。

随着资源环境约束问题的进一步突出，中国不断加速纺织服装行业循环经济发展的系统转型。2013年，中国出台《循环经济发展战略及近期行动计划》，明确指出纺织工业应加快开发替代石油的生物质纺织纤维材料，推动废旧纺织品再生利用规范化发展[②]。2017年，中国《循环发展引领行动》提出了推进废旧纺织品资源化利用及纺织企业在生产环节推广使用再生材料等发展方向[③]。

在国际层面，可持续消费理念已被越来越多的消费者所认知并付诸实践，大量的品牌和企业意识到这一趋势并已积极行动。H&M集团承诺到2030年实现原材料100%来自包括循环再利用纤维在内的可持续纤维材料[④]；Inditex（Zara）集团计划到2025年实现原材料100%可持续性[⑤]。要推动废旧纺织品的资源化，纺织行业全产业链应加强协作，从废旧纺织品的回收分拣、纤维提取及生产、纱线织造到终端品牌，在上游加大对于循环再利用纤维生产工艺和技术的创新研发，在下游不断推动可持续消费的意识和需求，实现全产业升级和增值。

---

① 中国纺织工业联合会社会责任办公室，《循环时尚：中国新纺织经济展望报告》，2020年。
② http://www.gov.cn/zwgk/2013-02/05/content_2327562.htm.
③ https://www.ndrc.gov.cn/fggz/hjyzy/fzxhjj/201705/t20170504_1203307.html.
④ H&M集团，《2019年可持续发展绩效报告》，2019年。
⑤ INDITEX https://www.inditex.cn/en/our-commitment-to-the-environment.

（二）项目概况

纤维素纤维（Viscose）是取自天然材质（如树木、竹子等）中的纤维素，具备可降解特性，因此对使用化工原料的人造纤维，以及在生产过程中耗水量巨大的棉纤维而言，纤维素纤维是很好的替代产品，已成为目前世界上应用最多、最广泛的纤维之一。

新加坡金鹰集团下属的赛得利集团，是目前全球最大的纤维素纤维生产商之一。自2019年6月起，赛得利与瑞典浆粕供应商展开深度合作，以废弃纺织物（如牛仔裤、T恤、酒店布草等消费后纺织品）中提取的纤维，生产出回收溶解浆。赛得利通过自主研发，实现循环再生纤维素纤维的工业化生产（图6-1）。目前赛得利（江苏）纤维有限公司已开始生产和销售循环再生纤维素纤维——FINEX™ 纤维，产品成功获得了 RCS 认证[①]。

图6-1 循环再生链示意图

（图片来源：金鹰集团提供）

（三）主要技术内容和应用情况

1. 原料筛选

经过不断测试、比对，最终确定了以废旧家纺、牛仔布生产的回收浆作为循环再生纤维素纤维的原料。

① 回收声明标准（Recycled Claimed Standard, RCS），是纺织交易组织（Textile Exchange, TE）于2013年推出的回收（再生）方面的标准，是用于对使用了再生原料的产品提供认证的依据。

2. 生产工艺研发

赛得利研发团队在传统工艺的技术上，通过逐步调整、创新，探索出了适合回收浆工业化生产再生纤维素纤维的新技术，并将回收浆使用比例从 1% 提高至 20%。

3. 产品特点

用 FINEX™ 纤维生产的面料，与普通纤维素纤维产品相比，各方面的性能都很相似，具有亲肤、吸湿透气等优点，适合与其他各种纤维产品混纺或者纯纺交织，赋予面料鲜明柔亮的色泽和别具一格的风格。

4. 产品应用

2020 年 4 月开始，赛得利与新锐设计师品牌 RICOLEE、法国户外品牌 LAFUMA 展开深度合作，陆续向市场推出了以 FINEX™ 纤维为原料的服装产品。赛得利也将不断推动与更多国际品牌的合作，推出更多的循环再生纤维素纤维服装（图 6-2）。

图 6-2 采用纤生代 FINEX™ 纤维生产的服装产品

（图片来源：金鹰集团提供）

（四）环境效益

国际回收局（Bureau of International Recycling，BIR）2008 年在瑞典哥本哈根大学进行研究得出结论：每使用 1 千克废旧纺织物，就可以降低 3.6 千克的二氧化碳排放量，节约水 6 000 升，减少使用 0.3 千克的化肥和 0.2 千克的农药[①]。循环再生纤维素纤维——FINEX™ 纤维的生产中使用由废旧纺织品制成的木浆，与原生材料的加工生产相比，减少了大量二氧化碳的排放。

据测算，以年产废旧纺织品 2 600 万吨、综合利用率达到 60% 来计算，每年可节约化学纤维 940 万吨、天然纤维 470 万吨，由此每年可节约原油 1 880 万吨（相当于半个大庆油田的产量），节约耕地约 1 089 333 万平方米，占全年棉花耕地面积的 46%[②]。

十一、沙特阿拉伯延布合资炼油厂

沙特阿拉伯王国（以下简称沙特）境内沙漠、戈壁广布，生态环境十分脆弱。作为世界级规模炼油厂，延布合资炼油厂项目服务于沙特经济优化升级、能源产业升级的国家发展战略，遵循绿色发展理念，在创造社会和经济效益的同时，竭力减少项目生产运营对当地生态环境的影响，成为中沙两国能源合作的示范项目。

（一）背景

沙特位于亚洲西南部的阿拉伯半岛，以石油储量丰富闻名世界，是石油输出国组织的"第一国"。2016 年 4 月，沙特正式发布"沙特 2030 愿景"（Saudi Vision 2030）战略规划，确定"阿拉伯与伊斯兰世界中心""全球性投资强国""亚欧非枢纽"三大愿景，提出社会、经济、国家建设三大主题，提出"社会欣欣向荣、经济繁荣兴旺、国家理想远大"的宏伟目标，明确未来 15 年在经济、政治、军事、社会等方面的发展方向。

沙特是"一带一路"倡议的重要合作伙伴。2019 年，中沙双方就"沙特 2030 愿景"同"一带一路"倡议对接，签署了一系列合作文件，中沙全面战略

① http://www.sh-recycle.org/articledetail.asp?id=1805.
② http://www.sh-recycle.org/articledetail.asp?id=1805.

伙伴关系形成全方位、多层次、宽领域的新格局。“沙特 2030 愿景”明确了沙特经济多元化的发展目标，油气全产业链合作迎来巨大机遇。[①]

（二）项目概况

延布合资炼油厂项目是中国石化第一个海外炼油化工投资项目。2012 年 1 月，中国石化与沙特阿美公司签订协议，成立延布中石化阿美炼油有限公司（Yanbu Aramco Sinopec Refining Company Ltd.，以下简称延布炼厂），共同出资 86 亿美元建设和运营一座原油加工能力为 40 万桶 / 天（2 000 万吨 / 天）的燃料型炼油厂。2016 年 1 月，习近平主席和沙特萨拉曼国王共同出席了项目投产启动仪式。

延布炼厂以沙特重油作为原料，主要装置单系列规模位列世界前列（图 6-3）。全厂技术先进、工艺合理、自动化程度高，实现原料全转化，生产硫含量低于 10 ppm（为 parts per million 的缩写，即百万分之一，1 ppm = 10^{-6}）的超低硫汽油及柴油，产量分别为 400 万吨 / 年及 1 200 万吨 / 年，同时还生产 12 万吨 / 年纯度大于 99.9% 的化工原料苯。主要产品的质量达到世界先进水平，通过海路直接销往西北欧、亚洲、地中海和北美等地区。

延布炼厂创造了中东地区工艺先进、投资省、工期短、质量优、安全好的优秀业绩，获得了国际能源界最高奖——普氏年度能源项目奖[②]。

图 6-3 延布炼厂全景

（图片来源：中国石化提供）

① http://world.people.com.cn/n1/2017/1212/c1002-29702218.html.

② http://ihl.cankaoxiaoxi.com/2018/0710/2290438.shtml.

（三）严格的环境管理制度

项目建设前，项目单位按要求对当地环境影响进行了严格的评估。沙特阿美公司委托独立咨询公司 CH2M HILL 编制了项目环境影响评估报告（EIA），报告中对大气等的污染物排放进行了评价，主要结论如下：大气 NO_x 及 SO_2 排放均满足沙特的环保指标；项目产生的无害固体废物（150 米 ^{3}/ 年）和有害固体废物（600 米 ^{3}/ 年）全部送到当地一家固体废物处理填埋厂进行处理；废水预处理后送出厂区由工业污水处理厂进行集中处理。2009 年 11 月，延布皇家委员会代表沙特政府批准了该项目的环境影响评估报告。

该项目在实施过程中坚持绿色发展理念，严格遵守沙特当地环境相关法律法规，严格执行业主的环保要求；建立健全环境保护管理体系，严格执行环境许可要求，建立环境要素清单，履行环保职责。

与此同时，项目单位还组织员工开展环境保护知识培训，环保知识答题竞赛，利用营地广播开展环保宣讲，在工区显要区域竖立环保标牌、标语，张贴宣传材料，利用休整时间组织观看环保短片；编写英文、阿拉伯文环保小册子；多渠道宣传教育让环保责任理念深入员工内心。

（四）绿色生产

项目通过改进生产工艺、流程，采用节能减排技术，有效控制了污染物排放，对不宜回收的“三废”进行无害化处理，努力把对环境的不利影响降到最低。

图 6-4　延布炼厂全景

（图片来源：中国石化提供）

为避免土壤污染，中国石化在泥浆坑内铺设专用防渗布，在钻井现场安装污水处理装置，生产污水处理达标后通过密封管线排到泥浆坑，不让一滴油污接触土壤，并定时清理泥浆罐和管线，避免发生泥浆泄漏。固体废物的处置力度也得到加强，所有垃圾和固体废物均由具有资质的公司进行处理。同时，严格管控施工现场的临时设施，所有临时设施的建造均获得业主的审批，使用完成后全部拆除，避免产生新的污染。图 6-4 为延布炼厂全景。

为保护周边环境，中国石化对工业和生活垃圾进行了严格分类，仅有害垃圾就设有 6 个不同颜色的垃圾箱。定期请专业公司前来回收，平均每年投入 300 多万元处理各类垃圾。公司规定所有生活污水必须排入污水集中处理罐，投入专业的污水处理装置处理营地的生活污水，经处理的污水可达标直排，也可用于浇灌营地的花草树木，实现水资源的循环利用。

此外，在延布炼厂的能量消耗中，燃料占 56.1%、电力占 34.5%、蒸汽占 9.5%。在用水方面，根据沙特当地情况，延布炼厂按照节水型炼厂设计，采用密闭循环水系统、海水循环冷却的方案。

（五）促进本地化就业

中国石化按照“人才国际化，用工本地化”原则，遵守沙特政府“沙特化”（Nitaqat • Programme）就业政策和 IKTVA （In-Kingdom Total Value Add Program，本地总价值提升计划）制度，加强社区雇佣人员数量，持续提高本地员工比例，部分项目高峰时期员工本地化用工率达 65% 以上。

延布炼厂是沙特西部地区第二个合资炼厂项目。在延布炼厂建设和运营过程中，为沙特创造了 6 000 个直接和间接就业岗位。同时，通过沙特阿美培训机构，招收和培训技术徒工 800 多名，其中 600 名经考核合格后成为合资公司正式员工。此外，延布炼厂还为近百名沙特当地高校学生提供了实习机会。合资公司沙化比例达 75%，是合资公司中沙特籍员工占比最高的企业之一（图 6-5）。由于延布炼厂为提高沙特当地人员技能素质和就业水平做出了突出贡献，2014 年和 2015 年连续两年获得沙特政府奖励。

图 6-5 中沙员工共同工作

（图片来源：中国石化提供）

为了进一步吸收高端人才，帮助提升沙特本地人才就业率，中国石化与当地大学、中等专业学校建立用人关系，积极与沙特石油服务专科学校、沙特阿拉伯钻井学院、沙特石油服务工艺培训学校、沙特人力资源发展基金会开展合作，面试录用沙特籍大学毕业生，并为多家学院学生提供实习岗位和就业机会。

第七章

绿色建筑

十二、卡塔尔卢赛尔体育场

推动创新和技术进步是应对经济和环境挑战的重要途径。卡塔尔卢赛尔体育场项目依照卡塔尔全球可持续发展评价体系（GSAS）要求，利用各类绿色设计、绿色技术、节能材料开展建设，突出创新性，同时注意防范环境污染与风险，提高了资源与能源的使用效率。截至 2020 年 9 月，项目设计阶段已经达到 GSAS 五星级标准，施工管理阶段也在以 GSAS 五星级标准为目标有序实施。

（一）背景

第 22 届世界杯足球赛将于 2022 年在卡塔尔举办。这是历史上首次在中东国家举行、第二次在亚洲举行的世界杯足球赛，也是首次在北半球冬季举行、首次由从未进过世界杯的国家举办的世界杯足球赛，对于卡塔尔和中东地区都具有重要意义和深远影响。卡塔尔为此斥巨资在首都多哈市以北约 15 千米处专门修建了一座全新的“绿色城市”——卢赛尔新城。卢赛尔新城东临波斯湾，占地 38 平方千米，内有一系列体育场馆及配套服务设施。

为了举办高水平的世界杯赛事，也为了实现到 2030 年成为高品质生活与可持续生活方式的典范这一国家目标，卡塔尔要求卢赛尔新城内的所有体育场馆建设项目在设计和施工两个阶段均需要达到其绿色建设评价体系——GSAS 四星级标准。GSAS 采用全生命周期方法评价建筑物与建成环境的可持续性等级，旨在满足需求的同时最大限度地减少建设工程的生态影响与资源消耗。2016 年，国际足联正式将 GSAS 作为 2022 年卡塔尔世界杯体育场馆的绿色建筑评价体系。

位于卢赛尔新城市中心的卢赛尔体育场是2022年卡塔尔世界杯的主体育场，承担着决赛、闭幕式等重大赛事及庆典活动，并将作为卡塔尔地标性的体育建筑和世界杯遗产保存。因此，卢赛尔体育场的设计、施工、运营与整体管理，不仅要克服各项技术难题，高质量地完成场馆设计与施工，还要达到严格的 GSAS 标准要求。

（二）项目概况

2016 年 11 月，中国铁建国际集团有限公司（以下简称铁建国际）与卡塔尔 HBK 公司以联营体模式共同中标，成为卡塔尔卢赛尔体育场项目总承包商，项目总合同金额为 28 亿卡塔尔里亚尔（约 7.67 亿美元）。

卢赛尔体育场建筑面积18万平方米，整体呈马鞍形（图7-1），直径312米，东西高74米，南北高58米，可容纳92 000名观众，是目前世界上容纳观众第二多的符合国际足联（FIFA）标准的专业足球场。卢赛尔体育场也是目前世界上最大的膜结构施工项目，屋面膜结构面积达5.6万平方米，同时也是世界上跨度最大、悬挑距离最大的鱼腹式索网屋面的世界杯体育场馆之一（图7-2）。

图7-1 卢赛尔体育场外貌

（图片来源：中国铁建股份有限公司提供）

项目于2016年11月开工建设，截至2020年10月，已经完成主体钢结构，目前进展顺利。经卡塔尔有关部门评估，项目设计阶段已经达到GSAS五星级标准，施工管理阶段也在以GSAS五星级标准为目标有序推进。

图7-2 屋面索网体系施工

（图片来源：中国铁建股份有限公司提供）

（三）建立严格的环境管理体系推进项目实施

卡塔尔自身的环境保护标准高，在项目施工和管理中又参照和执行西方发达国家相关环境管理体系与标准，结合项目属地特色，形成了多元化又兼具中东地区特色的环保管理风格。在卢赛尔体育场项目中，总承包商需要满足业主方为世界杯项目指定的环境管理体系（Q22M-APW-CMN-PMC-HSE-0362），并严格遵守《卡塔尔环境保护法》《卡塔尔空气质量标准》《卡塔尔灌溉用水标准和排水入海标准》《卡塔尔建筑规范 2014》以及 GSAS 四星级标准、荷兰土壤和地下水相关标准、英国相关标准等要求开展设计与施工。

1. 委托第三方环保咨询机构协助建立环境管理体系并严格落实

联营体聘请卡塔尔当地第三方专业环保咨询公司 KEO 对项目的环境管理工作提供全面的技术支持和服务。在 KEO 公司的协助下，项目制定了《施工环保管理计划》（CEMP）（SC-C01-CAG-HBC-PLN-EN-00014）作为项目执行的基本环保准则，内容涵盖环保管控政策、环保控制项、环保管理方案、环境检查及审计等诸多方面，且以此计划为基础建立了具体的环境管理系统，并严格据此实施对现场的管控。《施工环保管理计划》首先经项目工程师与业主批准通过，再上报卡塔尔市政与环境部（Ministry of Municipality and Environment，MME）审核。

2. 环境污染防治措施与环境监测管理

依据《施工环保管理计划》，卢赛尔体育场项目重点对噪声、空气质量（尤其针对粉尘）、土壤、地下水水质、垃圾处理等环境指标进行严格的监控（图 7-3、图 7-4）。施工阶段，现场主要的污染风险为潜在的土壤和地下水污染，主要防控的风险源是燃料或者化学物品泄漏。

为此，项目单位设置了专门的油料存储库房，严格按照《库房管理制度》和《化学物品管理办法》执行，并定期安排检查；在施工现场的发电机等区域全部设置油托，防止油污造成土壤污染；施工涉及喷漆作业时，建立专门的作业棚，做好防护以及地面罩盖防护膜，防止化学物品造成土壤污染；日常环境巡查针对发现的违规情况及时处理，并对相应施工队伍进行培训和环保教育。同时，项目单位通过专业的第三方环保机构与当地的环保实验室建立联系，为提供如土质样本、水质样本送检分析等技术支持和服务。

除上述风险管理措施外，项目单位还采取了如下环保监控举措。

（1）开展规范化环保管控：项目开工至今，累计建立环保月报 38 期，详细记录项目施工过程中的环保管控情况。

（2）建立专业化环境管理团队：依托专业第三方机构提供的技术支持，项目单位设有专门的环保部门负责项目日常工作，并配备洒水车、清扫车、板车、铲车等机械设备可供随时调度。

（3）形成环境保护管控制度化：建立每日巡检制度，针对问题及时指导闭合；每周组织现场巡检及业主例会，针对发现的环保问题协商各方予以闭合；严格执行环保审计计划（图 7-5）。

（4）强化环境教育：重视环保培训教育，针对现场典型问题开展专项教育。

（5）实现环保检查信息化：依托于项目的 EHS（Enviroment、Health、Safety 的简称，即环境、健康、安全）管理信息化系统 INTELEX 平台，环保检查、处置、批复、闭合全过程可实现信息化管理（图 7-6）。

（6）确保环保资料规范化：项目环保部门每月会对当月的环保控制信息进行绘制分析，形成翔实的月报，使环保管控有迹可查。

图 7-3　体育场周边噪声检测

（图片来源：中国铁建股份有限公司提供）

图 7-4　体育场周边粉尘检测

（图片来源：中国铁建股份有限公司提供）

Daily Environmental Site Inspection Checklist

Shift time 6 AM to 5 PM☐ 5 PM to 4 AM ☐

Date	

S. No	*Item (please mark yes or no in respective area column)*	*Stadium*	*Laydown*	*Worker Accom.*	*Crusher, Screener & Stockpiles*	*Site Env. Inspector Remarks*	*Inspector Response*
1	Is there any visible dust cloud?					If yes, what are the actions taken?	
1.1	Is there any black smoke from the operating machinery/ vehicles?					If yes, what are the actions taken?	
2.1	Are the waste signages placed at each skip?					If no, what are the actions taken?	
2.1	Is there effective waste segregation inside the skips?					If no, what are the actions taken?	
2.2	Are skips covered?					If no, what are the actions taken?	
2.3	Is there any overflowing skip?					If yes, what are the actions taken?	
3	Is there any oil spill in this area? (trace/drop					If yes, what are the actions taken?	
3.1	Are the spill kits readily available nearer to working zone ?					If no, what are the actions taken?	
3.2	Are the spill kits clean i.e. no traces or accumulation of waste?					If no, what are the actions taken?	
4	Is there any leakages from the tanks (holding, fuel, water etc.) ?					If yes, what are the actions taken?	
5	Is there any abnormal/ excessive noise/ vibration noticed from any operating machinery/ vehicles					If yes, what are the actions taken?	
6	Are the A/Cs, Exhausts in chemical store are working?					If no, what are the actions taken?	
7	Are there unattended chemicals without drip trays?					If yes, what are the actions taken?	
8	Is the site fence secured					If no, what are the actions taken	

Site Environmental Inspector Notes	
Best practices noticed	
Discussed with (in the event of any non-conformances)	
Environmental Inspector	Environmental Engineer

图 7-5 每日环保巡检

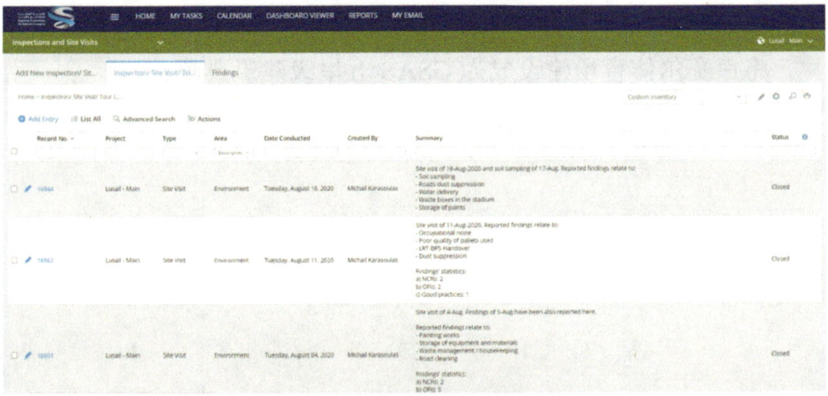

图 7-6 环保检查处置信息化

（四）开展绿色建筑实践

GSAS 是起源于卡塔尔的绿色建筑评级体系，被 FIFA 指定为卡塔尔世界杯体育场馆的绿色建筑评价体系，在卡塔尔及中东地区得到大力推广。GSAS 针对建设项目生命周期内的设计、施工管理、运营三个阶段开展可持续性评估。GSAS 评估框架设置了城市连通性、场地、能源、水、材料、室内 / 室外环境、文化与经济价值、管理与运营 8 个评价指标，重点应对建筑环境中空气污染、土地滥用及污染、化石燃料损耗、水资源消耗与污染、材料损耗、人类健康及舒适、气候变化等挑战。针对项目的不同阶段，GSAS 认证设定了不同等级。其中，设计阶段共有 6 个星级（GSAS-DB），施工阶段 5 个星级（GSAS-CM），运营阶段 5 个星级（GSAS-OP）。

卡塔尔要求卢赛尔体育场项目的设计、建设与交付均需达到四星级标准。在各方密切合作的基础上，本项目重点发挥了中国技术、中国装备、中资企业的主力优势。项目设计和施工采用建筑信息模型（BIM）全过程审核、指导和验收。项目施工过程中采用 SPTM 进行钢结构转运，穿芯千斤顶进行钢结构 V 型柱和压环吊装，三维激光扫描进行精度控制；屋面径向索采用高钒螺旋索，环向索采用高钒密闭索，环索索夹采用 G10MnMoV6-3 材料；外幕墙采用双曲面单元镂空铝板幕墙。本项目的绿色设计突出了建筑功能性与节能性的结合，兼顾卡塔尔的文化特色；高效精准的施工提升了能源与材料的使用效率；建筑使用的各项材料符合绿色标准，能够有效节能减排；施工全过程中的环保措施与风险防范措施也有效降低了项目的环境影响与风险。

目前，卢赛尔体育场项目设计阶段总得分为 2.133（满分 3 分），已经达到 GSAS-DB 五星级标准；项目在施工阶段正严格按照最高标准执行，力争保"四"冲"五"，将卢赛尔体育场建设成为 GSAS 五星级建筑典范。

第八章

企业社会责任

十三、乌干达伊辛巴水电站

中国长江三峡集团有限公司的全资子公司中国水利电力对外有限公司（以下简称中水电公司）承建的乌干达伊辛巴水电站项目是乌干达重要的民生工程。中水电公司在项目建设过程中，积极履行企业社会责任。不仅给当地带来了更多的就业机会，提升了当地劳动力的工作技能，还帮助当地修整道路，为居民出行提供了便利；重建当地小学，给当地学校捐赠课桌椅和文具等物资；邀请中国驻乌干达医疗队为当地居民提供社区医疗服务。

（一）背景

伊辛巴水电站项目位于乌干达南部的白尼罗河上，处于维多利亚湖和基奥加湖（Kyoga）之间，距离辛巴（Simba）瀑布仅 4 千米，项目因此得名。伊辛巴水电站投入运营后，乌干达全国发电装机容量提升约 20%，将大大缓解该国电力短缺的现状。《日益强大的乌干达基础设施》中介绍到，伊辛巴水电站项目是乌干达最重要的水力发电项目之一，对于缓解乌干达能源短缺危机、加速经济发展起到了至关重要的作用（图 8-1）。[①]

图 8-1 辛巴水电站鸟瞰图

（图片来源：中国长江三峡集团有限公司提供）

① https://www.sohu.com/a/327040898_696766.

（二）项目概况

伊辛巴水电站项目及配套输电线路工程由中水电公司以工程总承包（EPC）模式组织建设，业主为乌干达能源与矿产开发部。项目合同金额5.68亿美元，中国进出口银行以优惠贷款形式为项目提供85%配套资金，乌干达政府自筹15%。项目于2013年9月签约，2015年4月30日开工建设。

伊辛巴水电站项目总装机183.2兆瓦，配备4台轴流转桨式水轮机组，年均发电量10.39亿千瓦·时。项目第一部分包括电站枢纽工程以及132千伏开关站和配套的132千伏输变电线路工程，已于2019年4月12日完成并移交。

项目第二部分包括下游永久交通桥及进场道路，主要包括下游交通桥及附属道路和3.5千米进场道路。下游永久交通桥及附属道路位于伊辛巴水电站大坝下游约500米处，以Nampanyi村为起点，向东南方向横跨尼罗河，终止于Bugumira村，路线里程长2.126千米，其中左、右侧河道各新建一座双向永久交通桥，两座大桥全长约890.5米。下游交通桥已于2021年1月竣工通车，将成为连接尼罗河两岸的永久通道（图8-2）。

图8-2　下游交通桥

（图片来源：中国长江三峡集团有限公司提供）

（三）环境与社会管理

项目单位严格执行环境与社会管理计划（Environment and Social Management Plan），在工程建设过程中始终贯彻落实防尘、降噪、污水处理、固体垃圾处置、水土保持、生物多样性、水环境保护等各项环境保护管理措施（图8-3）。乌干达国家环保部、水资源局、劳工部、野生动物保护组织、渔业保护组织等对项目实施的全过程进行监督。得益于严格的环境管理措施，业主及各方监管单位对项目单位在环境保护方面取得的成效表示高度认可。建设过程中未发生任何环境事件，也未受到乌干达各部委及组织的任何行政处罚。

图 8-3　生活污水处理系统

（图片来源：中国长江三峡集团有限公司提供）

虽然伊辛巴水电站项目的征地移民安置均由乌干达政府实施，项目单位仍然主动安排专职的社区协调官，负责协助业主及政府单位开展项目工程建设宣讲、协助解决与施工干扰相关的社区工作，取得良好效果。

（四）就业和培训

为了促进当地就业，项目单位在施工资源配置及准备阶段，要求相关岗位及工种的设置要优先考虑聘用乌方人员，保证乌方人员占所有参建人员的比例不低于 70%，并积极组织开展当地雇员技能培训，提高乌方员工的工作技能。项目施工高峰期参建总人数约 3 200 人，其中乌方人员约 2 700 人，中方人员约 500 人，乌方人员占比为 84.4%。乌方员工从事的工作涵盖安全工程师、环境工程师、社区协调员、行政助理、医护人员、司机、重型设备操作手、电焊工、木模工、电工、钻工、钢筋工、瓦工、修理工等各类技工以及普通力工等。

考虑乌方员工技能较低的实际情况，项目单位积极邀请当地政府机构及组织中方技术工人对乌方员工开展了一系列的技能培训，主要包括机修工、木模工、司机操作手、电焊工、车床技工、急救员、消防员等培训（图 8-4、图 8-5）。通过理论辅导、集中学习、上岗前教育、中国师傅手把手传帮带、操作示范、自学等形式，乌方员工在工作中理论结合实际，不断提高自身技能（图 8-6）。

图 8-4　机修培训

图 8-5　急救知识培训

图 8-6　岗位技能培训

（图片来源：均为中国长江三峡集团有限公司提供）

（五）积极履行企业社会责任

1. 改善当地交通状况

项目前期，周边社区的道路坑洼不平、破烂不堪，每逢雨季，路面积水严重，严重影响社区居民的日常出行。部分社区没有自来水，居民经常穿过漫长的灌木丛到河边取水。项目单位经过实地勘察，组织压路机、推土机、自卸车、装载机等施工设备，有计划、分区域地逐步改善了周边社区的道路交通，修建道路排水沟并铺设管道，修建了专门的取水通道。周边社区的交通状况大为改善。

2015 年 6 月，项目单位拓宽和修复了 Kiterede 村至尼罗河取水口的道路，为周边社区 1 000 余人的日常出行和生活用水提供了便利（图 8-7）。

图 8-7　Kiterede 村至尼罗河取水口道路

（图片来源：中国长江三峡集团有限公司提供）

2016 年 2 月，项目单位为坝址区左岸的 Nampanyi 村修复了乡村道路，为周边社区 1 500 余人的日常出行提供了便利（图 8-8）。

（a）维修前　　（b）维修后

图 8-8　Nampanyi 村乡村道路

（图片来源：中国长江三峡集团有限公司提供）

2016 年 5 月，项目单位拓宽并修缮了 Busaana 镇至工地入口的乡村道路，为周边社区 2 万余人的日常出行提供了便利（图 8-9）。

（a）修缮前　　（b）修缮后

图 8-9　Busaana 镇至工地入口的乡村道路

（图片来源：中国长江三峡集团有限公司提供）

2017年6月，项目单位组织施工设备，包括平地机、装载机、自卸车、洒水车、推土机、压路机等对连接Kayunga区，Busaana镇和Kasaana村之间的主要道路进行维护，改善周边居民的出行条件（图8-10）。

图8-10　连接Kayunga区，Busaana镇和Kasaana村之间的主要道路

（图片来源：中国长江三峡集团有限公司提供）

2. 免费提供医疗服务

项目单位在现场建立了医院，配备有救护车、医疗设备，药品配备齐全，医护人员包括2名中方医生、2名当地医生、2名当地护士，为所有员工及其家属提供免费医疗服务。此外，项目单位定期自行组织或邀请中国驻乌干达医疗队开展社区健康服务活动，对周边社区居民进行健康培训，免费诊治日常疾病，并发放药品，帮助改善社区居民的健康状况。

2015年3月，项目单位联合中国驻乌干达医疗队在坝址区左岸的Kayunga区组织开展义诊活动，对社区居民进行了健康体检，宣传疾病预防知识，并免费发放常见病治疗药品，受益人群达600余人（图8-11）。

图8-11　Kayunga区义诊活动

（图片来源：中国长江三峡集团有限公司提供）

2015 年 11 月，项目单位联合中国驻乌干达医疗队在坝址区右岸的 Kamuli 区组织开展义诊活动，对社区居民进行健康体检，宣传疾病预防知识，并免费发放常见病治疗药品，受益人群达 700 余人（图 8-12）。

图 8-12 Kamuli 区义诊活动

（图片来源：中国长江三峡集团有限公司提供）

图 8-13 Busaana 镇社区健康服务

（图片来源：中国长江三峡集团有限公司提供）

2016 年 12 月，项目单位资助 Busaana 镇健康中心（Busaana HCIII）在 Busaana 镇、Nampanyi 村、Kasaana 村开展为期 3 天的社区健康服务活动，培训家庭健康计划，为社区儿童进行健康体检，并免费发放治疗药品，受益人群达 1 000 余人（图 8-13）。

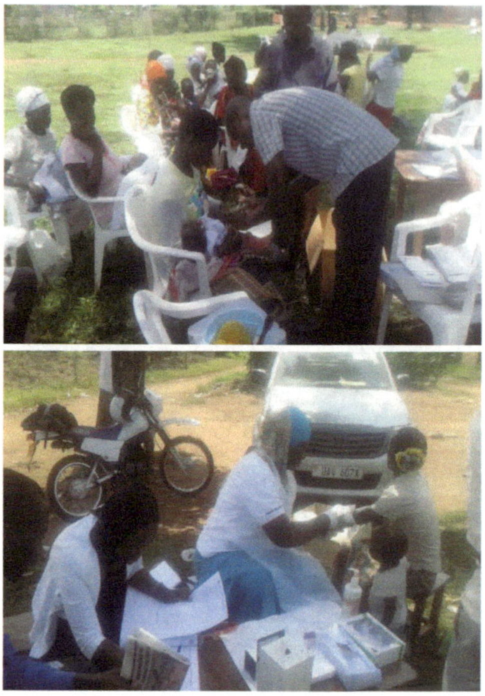

图 8-14　Kamuli 区 Kotwe 和 Bukamba 村社区健康服务活动

（图片来源：中国长江三峡集团有限公司提供）

图 8-15　为 Nurary 小学捐赠学习用品

（图片来源：中国长江三峡集团有限公司提供）

2017 年 10—12 月，项目单位组织当地医生、护士、社区协调官，在坝址区右岸 Kamuli 区的 Kotwe 村、Bukamba 村、Bulangira 村、Bwase-Buseta 村开展社区健康服务活动，对当地居民开展艾滋病预防知识培训、疟疾预防知识培训、家庭健康知识培训，为社区儿童进行健康体检，并免费发放治疗药品，受益居民达 1 500 余人（图 8-14）。

3. 改善当地教育条件

项目附近学校的硬件设施条件简陋，教育资源严重缺乏，学校教室的门、窗、墙壁、地板、桌椅破损较为严重，校区排水设施不完善，卫生设施缺乏，学生经常直接坐在地板上上课。项目单位结合实际情况，经过与区政府的充分沟通，以捐赠学习用品和对校舍进行翻修的方式，改善了当地的教育条件。

2014 年 11 月，项目单位向当地 Nurary 小学约 100 余名学生捐赠笔记本、书包、文具盒等爱心文具（图 8-15）。

2017 年 3—5 月，经过与坝址区左岸 Kayunga 区政府、区教育局的多次沟通，为了改善当地学校办学条件，提升当地教育水平，项目单位组织对 Nakakandwa RC 小学进行了维修改造，包括翻修内外墙壁及地板、修整屋面、加固房屋、维修或更换门窗、补充桌椅、完善排水设施、修建旗台等，并捐赠了教师办公桌椅、学生桌椅、书包、文具等办公、学习用品，极大地改善了学校的办学条件（图 8-16、图 8-17、图 8-18）。

图 8-16　维修前的 Nakakandwa RC 小学

（图片来源：中国长江三峡集团有限公司提供）

图 8-17　维修后的 Nakakandwa RC 小学

（图片来源：中国长江三峡集团有限公司提供）

图 8-18　Nakakandwa RC 小学捐赠仪式

（图片来源：中国长江三峡集团有限公司提供）

4. 向当地居民赠送物资

2013 年 7 月，项目单位向坝址区两岸当地居民捐赠蚊帐、足球等生活、体育用品（图 8-19）。

图 8-19　向当地居民捐赠生活及体育用品

（图片来源：中国长江三峡集团有限公司提供）

2014 年 6 月，项目单位资助 Kayunga 市 Prolane Football 俱乐部参加 Buganda 地区 13/14 赛季足球比赛（图 8-20）。

图 8-20　资助 Kayungq 市 Prolqne football 俱乐部

（图片来源：中国长江三峡集团有限公司提供）

2015 年 2 月，项目单位陪同中国驻乌干达大使赵亚力赴坝址区右岸 Kamuli 区捐赠缝纫机、拖拉机、床垫、电视机、足球等农用机械和生活用品（图 8-21）。

图 8-21 在坝址区右岸 Kamuli 区举行捐赠活动

（图片来源：中国长江三峡集团有限公司提供）

2015 年 12 月，项目单位陪同中国驻乌干达大使赵亚力赴坝址区左岸 Kayunga 区捐赠缝纫机、拖拉机、床垫、电视机、足球等农用机械和生活用品（图 8-22）。

图 8-22 在坝址区左岸 Kayunga 区举行捐赠活动

（图片来源：中国长江三峡集团有限公司提供）

2016 年 12 月，项目单位向 Busaana 镇政府捐赠水泥用于改善当地居民住房条件，镇政府主席正式向项目单位颁发了感谢信（图 8-23）。

图 8-23　向 Busaana 镇政府捐赠水泥

（图片来源：中国长江三峡集团有限公司提供）

本项目获得乌干达政府的高度认可。2019 年 5 月，乌干达邮政局正式发行以伊辛巴水电站工程形象为主题的系列邮票（图 8-24）。

图 8-24　乌干达伊辛巴电站邮票

（图片来源：中国长江三峡集团有限公司提供）

结 语

“一带一路”沿线多为发展中国家和新兴经济体，经济发展对资源的依赖程度较高，普遍面临着工业化、城市化带来的发展与保护的矛盾。中国企业在参与“一带一路”建设过程中，将中国生态文明建设的理念、优秀实践、先进技术和设备也带到了“一带一路”共建国家，这将为后发国家避免传统发展路径的依赖和锁定效应提供借鉴，从而在协调经济发展和环境保护的过程中，实现绿色、低碳、可持续发展。

共建“绿色丝绸之路”，既是“一带一路”高质量发展的重要内容，也是各国人民的共同期盼。共建“绿色丝绸之路”，就是加强生态文明理念和共建国家绿色发展战略之间的对接，提高基础设施建设、国际产能合作和贸易活动中的绿色化程度，创新绿色金融机制，开展生态环保民生工程，打造一条低碳环保、生机盎然的“丝绸之路”。

绿色体现在与沿线各国的政策对接、理念认同；绿色体现在高效率的贸易往来、互联互通与国际产能合作；绿色体现在加强生态环保领域合作，增强沿线人民的环境获得感。通过对外援助、技术转移、产业合作等方式，切实提升沿线国家环境保护能力，减少和控制污染物排放，带来看得见、摸得着的生态环境转变。

（本书由“一带一路”绿色基础设施建设领域的诸多良好实践案例集结成册，案例内容分别由“一带一路”绿色发展国际联盟的合作伙伴提供。各案例提供单位已将图文相关出版权利授予“一带一路”绿色发展国际联盟。）